职业技能培训教材

初级电工实训指导

中国劳动社会保障出版社

图书在版编目(CIP)数据

初级电工实训指导/江健，方保平编写. —北京：中国劳动社会保障出版社，2012
职业技能培训教材
ISBN 978 - 7 - 5167 - 0109 - 6

Ⅰ.①初… Ⅱ.①江…②方… Ⅲ.①电工技术-技术培训-教材 Ⅳ.①TM

中国版本图书馆 CIP 数据核字(2012)第 277480 号

中国劳动社会保障出版社出版发行

(北京市惠新东街 1 号 邮政编码：100029)

出 版 人：张梦欣

*

中国标准出版社秦皇岛印刷厂印刷装订 新华书店经销
787 毫米×1092 毫米 16 开本 6.5 印张 150 千字
2012 年 11 月第 1 版 2020 年 12 月第 5 次印刷

定价：18.00 元

读者服务部电话：(010) 64929211/84209101/64921644
营销中心电话：(010) 64962347
出版社网址：http://www.class.com.cn

内 容 简 介

本书分电工安全操作和初级电工技能操作两篇，主要内容包括：触电急救及灭火常识、常用电工仪表的原理及使用方法、计量仪表的联合接线、电气控制线路连接、安装电工预备知识、电子线路焊接与调试等知识和技能。这些内容基本反映了近年来技工学校和电工类培训的实践教学和考核的方向。

本书避免过多的理论知识，突出对操作能力的培养，重点讲述操作步骤、方法、技巧和操作注意事项，使所有实训项目都具有很强的可操作性，力求实训项目能满足企业生产的实际需要，便于进行考核和培训。

本书是职业技能培训教材，可供技工学校教学使用，也可作为初级电工岗位培训的学习资料，亦可供电工爱好者自学使用。

本书由深圳第二高级技工学校江健、方保平编写。其中，第一篇由方保平编写，第二篇由江健编写，全书由方保平审定。

目 录

第一篇 电工安全操作

第一部分 电气控制线路连接预备知识

一、实训目的

1. 熟悉电气元件的结构，掌握电气元件的选择和调试方法。
2. 熟练读懂电气控制线路原理图，并能分析其控制原理。
3. 熟练掌握按原理图连接线路的技能和工艺要求。
4. 掌握用万用表检查电气元件、控制线路及判断故障的方法。
5. 熟练掌握常用电工仪表的结构、用途，了解仪表盘面所示符号及数字的含义。
6. 掌握电工仪表的使用方法并能准确地读出测量值。
7. 熟知仪表测量时应注意的安全事项。

二、电气元件的选择

1. 开关的选择

作为操作开关使用时的选择原则如下：

刀开关：额定电流大于等于 3 倍电动机额定电流。

低压断路器：额定电流大于等于 1.3 倍电动机额定电流。

起隔离作用的开关只能用隔离开关，其额定电流不小于电动机额定电流的 1.3 倍，即：

$$I_{N,Q} \geqslant 1.3 I_N$$

式中　$I_{N,Q}$——开关额定电流，A；

　　　I_N——电动机额定电流，A。

注：刀开关分胶盖瓷底式和铁壳式两种，前者只能作为 3 kW 及以下电动机的操作开关，后者只能作为 4.5 kW 及以下电动机的操作开关。

2. 热继电器的选择

用途：当电动机为连续工作制时，用做电动机的过载保护。

类型：带断相保护和不带断相保护两种。

当电动机为△形接法时，应选带断相保护的热继电器。其额定电流大于等于电动机额定电流；其整定电流等于电动机额定电流。

3. 熔断器的选择

用途：在照明线路中起过载及短路保护作用，在动力线路中起短路保护作用。

对于单台电动机：

$$I_{N.FU} = (1.5 \sim 2.5)I_N$$

式中 $I_{N.FU}$——熔体额定电流，A；

I_N——电动机额定电流，A。

对于多台电动机：

$$I_{N.FU} = (1.5 \sim 2.5) I_{Nm} + \sum I_{Nj}$$

式中 I_{Nm}——其中一台功率最大电动机的额定电流，A；

$\sum I_{Nj}$——其余电动机额定电流之和，A。

4. 接触器的选择

(1) 线圈电压与线路电压相符

交流接触器线圈电压有 36 V、110 V、127 V、220 V 和 380 V 几种；其动作电压为线圈电压的 85%～105%时能可靠吸合，因此接触器具有失压、欠压保护功能。

(2) 主触头额定电流不小于线路额定电流。

三、基本控制环节

1. 点动、启动、停止。

2. 多地控制。

3. 顺序控制。

4. 正反转控制。

四、基本保护环节

1. 短路保护——用低压断路器或熔断器实现。

2. 过载保护——对于连续运行的电动机用热继电器实现；对于断续运行的电动机则用过电流继电器实现。

3. 极限保护——用限位开关实现。

五、控制线路连接步骤

1. 读懂原理图。

2. 根据原理图选择元件，并用万用表检查元件。

3. 按图连接线路，遵循"先串后并、从上到下、左进右出"的顺序。

主线路按 U—V—W 相序，用黄、绿、红线连接；布线横平竖直，每个接线端子不超过两根导线；导线绝缘皮不能压入接线端子；导线露铜不超过 2 mm。

4. 线路连接完毕，用万用表欧姆挡检查并分析线路连接是否正确，发现故障应及时排除。

5. 线路连接正确，通电试车；试车成功，测量电压和电流。

6. 测量完毕及时断开电源，拆除连接导线，并清理现场。

第二部分　安全操作项目

实训项目1　触电急救及灭火常识

一、实训目的

1. 掌握触电急救的基本知识。
2. 掌握触电急救的方法。
3. 了解灭火常识。

二、实训内容

1. 触电急救基本知识

(1) 当发现有人触电时，应立即拉开开关、拔出插头，断开电源，如图2—1所示。

(2) 当电源太远或不便于断电时，应用绝缘棒或干燥木棍挑开电线，使触电者脱离电源，如图2—2所示。

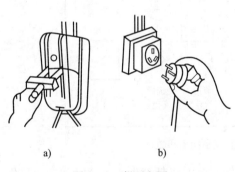

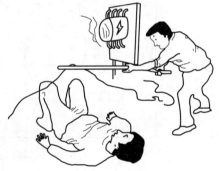

图2—1　断开电源　　　　　　　　图2—2　用绝缘棒或干燥木棍挑开电线

(3) 救护人也可站在木板上用一只手拉触电者干燥的衣服，使其与电源脱离，如图2—3所示。

(4) 对高压触电者，应戴上绝缘手套，穿上绝缘鞋，用相应电压等级的绝缘工具拉开开关。

(5) 将触电者迅速移到通风干燥处，使之仰卧，解开上衣纽扣并松开腰带。用手摸触电者胸部或腹部，查看有无呼吸；也可以用手指放在鼻孔处探测有无呼气的气流，综合判断触电者有无呼吸，如图2—4所示。

(6) 在胸前区听心跳声或摸颈动脉，判断触电者有无心跳，如图2—5所示。

图2—3　拉触电者干燥的衣服
使其脱离电源

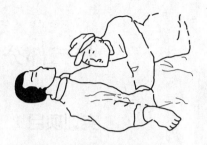

图 2—4　判断触电者有无呼吸　　　　　图 2—5　判断触电者有无心跳

（7）如触电者伤势严重，无知觉，无呼吸，但有心跳，应立即实施人工呼吸进行抢救。

2．人工急救法

人工急救法有人工呼吸法和胸外心脏按压法。实训设备可采用 FSR－Ⅲ型心肺复苏模拟人。

（1）FSR－Ⅲ型心肺复苏模拟人操作前准备

1）在使用模拟人进行抢救操作时，应准备 1 瓶质量浓度为 75% 的酒精（医用乙醇）和脱脂棉，以备消毒。

2）把模拟人仰卧平放，接通操作记录仪，连接模拟人和电源。如图 2—6 所示为模拟人操作指示器控制面板布置图。

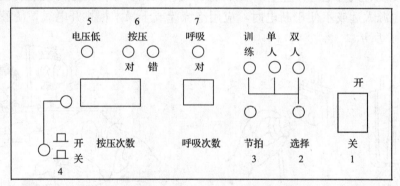

图 2—6　模拟人操作指示器控制面板布置图

3）打开操作记录仪的电源开关，按下训练按钮，此时可任意做人工呼吸和按压操作。

4）在练习操作时，吹气量不足记录仪 7 不会计数，按压力度不够或部位不正确，记录仪 6 不会计数或发出"嘀嘀"的提示声。

（2）FSR－Ⅲ型心肺复苏模拟人（见图 2—7）的急救操作方法

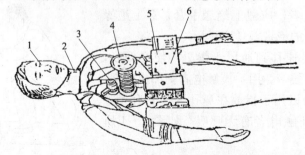

图 2—7　FSR－Ⅲ型心肺复苏模拟人

1—眼睛　2—颈动脉　3—呼吸系统　4—按压装置　5—记录仪　6—电池盒

1) 使其仰卧，接通记录仪，使模拟人的头部充分后仰，清除口中异物，畅通气道。救护人跪在触电者（模拟人）一侧。

2) 人工呼吸法。救护人深吸一口气，向触电者口内吹气的同时捏住其鼻孔，以防止漏气。吹气 2 s，离开触电者的口，松开鼻孔，让其自行呼气 3 s，如图 2—8 所示。

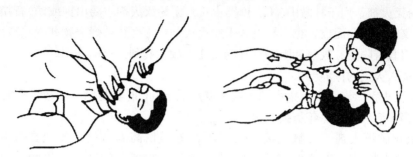

图 2—8　模拟人口对口人工呼吸示意图

3) 胸外按压法。将中指对准锁骨凹堂，掌心自然对准按压点（心窝）。双手重叠垂直向下按压 3～4 cm，然后放松，每分钟按压 80 次左右，如图 2—9 所示。

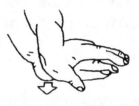

图 2—9　模拟人胸外心脏按压法

4) 记录仪操作要求。单人操作，先进行两次人工呼吸，并在规定的 60～75 s 时间内，每按压 15 次后呼吸 2 次，依次重复 4 遍，吹气量不小于 1 200 mL，模拟人被救活后，会发出悦耳的音乐声，瞳孔会自行缩小，并有颈动脉搏动。

3. 灭火常识

(1) 火灾类型

按照不同物质发生的火灾，大体分为以下 4 种类型。

1) A 类火灾。为固体可燃材料的火灾，这类材料包括木材、布料、纸张、橡胶及塑料等。

2) B 类火灾。为易燃、可燃液体，易燃气体和油脂类火灾。

3) C 类火灾。为带电电气设备火灾。

4) D 类火灾。为部分可燃金属，如镁、钠、钾及其合金等的火灾。

(2) 常用灭火剂的性能与特点

1) 泡沫灭火剂。一般能扑救 A、B 类火灾。泡沫灭火剂是利用硫酸或硫酸铝与碳酸氢钠作用放出二氧化碳的原理制成的。碳酸氢钠与发沫剂的混合液装在灭火器筒身内，灭火时，泡沫浮在固体表面，可隔热、隔氧，使燃烧停止。不适用于带电灭火。

2) 二氧化碳灭火剂。用于扑救 B、C 类火灾。二氧化碳是一种常用的气体灭火剂，它不导电。在常温（20℃）和 6.08×10^{6} Pa 大气压下液化。灭火剂为液态筒装。当液态二氧化碳喷射时体积可扩大 400～700 倍，强烈吸热冷却凝结为霜状的二氧化碳（又称"干冰"），干冰在燃烧区又直接变为气体，吸热降温并使燃烧物隔离空气，从而达到灭火的目的。当气体二氧化碳占空气浓度的 30％～35％ 时，即可使燃烧迅速熄灭。由于二氧化碳气体易使人窒息，使用时人应站在上风侧。

3）干粉灭火剂。用于扑救 B、C、D 类火灾。干粉灭火剂主要由钾或钠的碳酸盐类加入滑石粉、硅藻土等掺和而成，也不导电。干粉灭火剂在火区覆盖燃烧物并受热产生二氧化碳和水蒸气，因其有隔热、吸热和阻隔空气的功能，故能起到灭火的作用。

（3）各类灭火剂的保养要求

1）泡沫灭火剂。泡沫灭火剂中的溶液在温度低于 0℃ 时容易结冰，故冬季要注意保温，防止冻结。筒内溶液一般每年更换一次。

2）二氧化碳灭火剂。二氧化碳灭火剂不怕冻但怕高温，故不能放在火源和热源附近；存放地点的温度不得超过 42℃，同时不能存放在潮湿的地方，以免生锈。钢瓶内的二氧化碳质量应每隔 3 个月检查一次，如二氧化碳质量比额定质量减少 10％ 时，应进行补灌。

3）干粉灭火剂。干粉灭火剂应保持干燥、密封，防止干粉受潮结块，还要避免日光暴晒，以防止因受热膨胀及发生漏气现象。每半年检查一次罐内干粉是否结块，3 个月检查一次气瓶的气量是否充足。干粉灭火剂的有效期限一般为 4～5 年。

三、复习与思考

1. 填空题

（1）当发现有人触电时，应立即_____。

（2）人工呼吸法有_____人工呼吸和_____人工呼吸两种。

（3）对触电者进行现场急救有_____和_____。

2. 判断题

（1）人工呼吸是口对口的急救方法。 （   ）

（2）救护者在抢救触电者使其脱离电源时，应戴好绝缘防护用具或站在干燥的木板上。

（   ）

实训项目 2 常用电工仪表的使用方法

一、实训目的

1. 掌握万用表的使用方法。
2. 掌握兆欧表的使用方法。
3. 掌握钳形电流表的使用方法。

二、实训内容

1. 万用表

万用表具有多种用途和多种量程，携带方便，因此，在电气维修与调试等工作中被广泛采用。万用表能测量电流、电压、电阻，有的还可以测量三极管的放大倍数、频率、电容值、逻辑电位、分贝值等。万用表有很多种，现在常用的有机械指针式万用表和数字式万用表，它们各有优点。对于初学者，建议使用指针式万用表，因为它对于熟悉仪表的测量原理很有帮助。下面介绍一些指针式万用表的原理和使用方法。

（1）指针式万用表的基本原理

指针式万用表的基本原理是利用一只高灵敏度的磁电式直流电流表（微安表）做表头。当微小电流通过表头时，就会有电流指示。但表头不能通过大电流，所以，必须在表头上并联及串联一些电阻进行分流或降压，从而测出电路中的电流、电压和电阻。

1）测直流电流原理。如图2—10a所示，在表头上并联一个适当的电阻（叫做分流电阻）进行分流，就可以扩展电流量程。改变分流电阻的阻值，就能改变电流的测量范围。

2）测直流电压原理。如图2—10b所示，在表头上串联一个适当的电阻（叫做降压电阻）进行降压，就可以扩展电压量程。改变降压电阻的阻值，就能改变电压的测量范围。

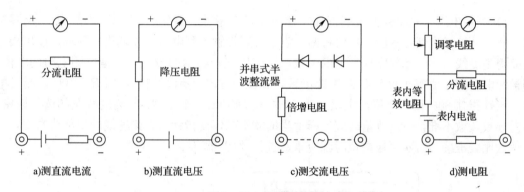

图2—10　测量原理图

3）测交流电压原理。如图2—10c所示，因为表头是直流表，所以，测量交流时需加装一个并串式半波整流器，将交流进行整流变成直流后再通过表头，这样就可以根据直流电的大小来测量交流电压。扩展交流电压量程的方法与直流电压量程相似。

4）测电阻原理。如图2—10d所示，在表头上并联和串联适当的电阻，同时串接一节电池，使电流通过被测电阻，根据电流的大小就可以测量出电阻值。改变分流电阻的阻值，就能改变电阻的量程。

（2）万用表的使用

万用表（以105型为例）的表盘如图2—11所示。通过转换开关的旋钮来改变测量项目和测量量程。机械调零旋钮用来保持指针在静止时处在左零位。"Ω"调零旋钮用来测量电阻时使指针对准右零位，以保证测量数值准确。

万用表的测量范围如下：

直流电压分5挡：0～6 V；0～30 V；0～150 V；0～300 V；0～600 V。

交流电压分5挡：0～6 V；0～30 V；0～150 V；0～300 V；0～600 V。

直流电流分3挡：0～3 mA；0～30 mA；0～300 mA。

电阻分5挡：$R\times1$；$R\times10$；$R\times100$；$R\times1$ k；$R\times10$ k。

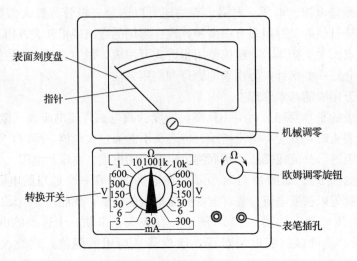

图 2—11   万用表的表盘

1）测量电阻。先将两支表笔搭在一起短接，使指针向右偏转，随即调整"Ω"调零旋钮，使指针恰好指到右零位。然后将两支表笔分别接触被测电阻（或电路）两端，读出指针在欧姆刻度线（第一条刻度线）上的读数，再乘以该挡标示的数字，就是所测电阻的阻值，即被测电阻实际值等于倍率乘以指针读数，如图 2—12 所示。例如，用 $R\times100$ 挡测量电阻，指针指在 80，则所测得的电阻值为 $80\times100=8\ \text{k}\Omega$。由于"Ω"刻度线左部读数较密，容易导致读数不准，所以测量时应选择适当的欧姆挡，使指针指在刻度线的中部或右部，这样读数比较准确。每次更换挡位时都应重新进行"Ω"调零。

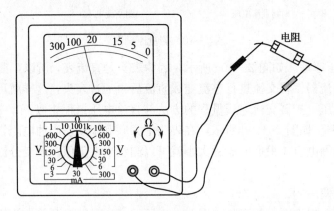

图 2—12   电阻的测量

特别提示： 不能带电测量电阻。

2）测量直流电压。首先估计被测电压的大小，然后将转换开关拨至适当的直流电压挡并选好量程，将正表笔接被测电压"＋"端，负表笔接被测电压"－"端；然后根据该挡量程数字与标示直流符号"DC"刻度线（第二条线）上的指针所指数字来读出被测电压的大小，如图 2—13 所示。如用 300 V 挡测量，可以直接读 0～300 的指示数值。如用 30 V 挡测量，只需将刻度线上 300 这个数字去掉一个"0"，看成 30，也就是将刻度线上的数字除以10，即可直接读出指针指示数值。如用 6 V 挡测量直流电压，指针指在 1.5，则所测得的电压为 1.5 V。

3）测量直流电流。先估计被测电流的大小，然后将转换开关拨至合适的量程，再把万用表串接在电路中。同时观察标有直流符号"DC"的刻度线，如电流量程选在 3 mA 挡，这时应把表面刻度线上 300 的数字去掉两个"0"，看成 3，也就是将刻度线上的数字除以100，这样就可以读出被测电流数值。例如，用直流 3 mA 挡测量直流电流，指针在 100，则电流为 1 mA，如图 2—14 所示。

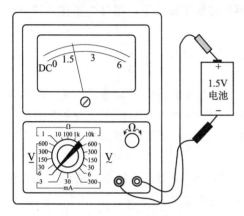

图 2—13　测量直流电压

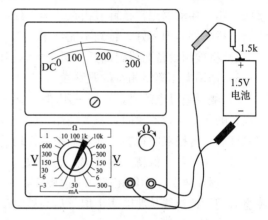

图 2—14　测量直流电流

4）测量交流电压。测量交流电压与测量直流电压的方法相似，所不同的是因交流电没有正、负极性之分，所以测量交流电压时表笔也不需分正、负。读数方法与测量直流电压的读数方法一样，读数时应看标有交流符号"AC"的刻度线上的指针位置。

（3）注意事项

为了使测量值准确且保证安全，使用万用表时应注意以下事项：

1）测量电流与电压不能选错挡位。如果误用电阻挡或电流挡测量电压，极易烧坏万用表。万用表不用时，最好将挡位置于交流电压最高挡，避免因使用不当而损坏。

2）测量直流电压和直流电流时，注意"＋""－"极性不要接错。如发现指针反转，应立即调换表笔，以免损坏指针及表头。

3）如果不知道被测电压或电流的大小，应先选择最高挡，而后再选择合适的挡位来测试，以免表针偏转过度而损坏表头。所选用的挡位越接近被测值，测量的数值就越准确。

4）测量电阻时，不要用手触及元件裸露的两端（或两支表笔的金属部位），以免人体电阻与被测电阻并联，使测量结果不准确。

5）测量电阻时，如将两支表笔短接，调零旋钮旋至最大，指针仍然达不到零位，这种现象通常是因为表内电池电压不足造成的，应更换新电池。

6）万用表不用时，不要将转换开关置于电阻挡，因为表内有电池，如不小心使两支表笔相碰短路，不仅耗费电池，严重时甚至会损坏表头。

2. 兆欧表

兆欧表又称摇表，是用来测量被测设备的绝缘电阻和高值电阻的仪表，它由一个手摇发电机、表头和三个接线柱［即 L（线路端）、E（接地端）、G（屏蔽端）］组成。

（1）兆欧表的选用原则

1）额定电压等级的选择。一般情况下，额定电压在 500 V 以下的设备，应选用 500 V 或 1 000 V 的兆欧表；额定电压在 500 V 以上的设备，选用 1 000～2 500 V 的兆欧表。

2）电阻量程范围的选择。兆欧表的表盘刻度线上有两个小黑点，小黑点之间的区域为准确测量区域。所以，在选表时应使被测设备的绝缘电阻值在准确测量区域内。

（2）兆欧表的使用

1）校表。测量前应将兆欧表进行一次开路和短路试验，检查兆欧表是否良好。将两连接线开路，摇动摇把，指针应指在"∞"处，再把两连接线短接一下，指针应指在"0"处。符合上述条件者即良好，否则不能使用。

2）将被测设备与线路断开，对于大电容设备还要进行放电。

3）选用电压等级相符的兆欧表。

4）测量绝缘电阻时，一般只用"L"端和"E"端，但在测量电缆对地的绝缘电阻或被测设备的漏电流较严重时，就要使用"G"端，并将"G"端接电缆屏蔽层或设备外壳。线路接好后，可按顺时针方向转动摇把，摇动的速度应由慢而快，当转速达到 120 r/min 左右时（ZC－25 型），保持匀速转动，读取数据。

5）拆线放电。读数完毕，一边慢摇，一边拆线，然后将被测设备放电。放电方法是将测量时使用的地线从兆欧表上取下后与被测设备短接一下即可。

（3）注意事项

1）禁止在雷电天气或在高压设备附近测量绝缘电阻，只能在设备不带电也没有感应电的情况下测量。

2）摇测过程中，被测设备上不能有人工作。

3）兆欧表的连线不能绕在一起，应分开。

4）兆欧表未停止转动之前或被测设备未放电之前，严禁用手触及。拆线时，也不要触及引线的金属部分。

5）测量完毕，对于大电容设备要进行放电。

6）要定期校验兆欧表的准确度。

3．钳形电流表

钳形电流表分为钳形交流电流表和钳形交直流表两大类，是一种用于测量正在运行的电气线路中电流大小的仪表，可在不断电的情况下测量电流。下面只介绍较常用的钳形交流电流表。

（1）结构

钳形交流电流表实质上由一只电流互感器和一只整流系仪表组成。

（2）使用方法

1）测量前应进行机械调零。

2）选择合适的量程，不可用小量程挡测量大电流。

3）如果被测电流较小，其读数还不明显时，可将被测导线绕几匝，匝数要以钳口中央的匝数为准，则被测电流的实际值等于读数除以匝数。

4）测量时，应使被测导线处在钳口的中央，并使钳口闭合紧密，以减小误差。

5）测量完毕，要将转换开关置于最大量程处。

（3）注意事项

1）被测线路的电压要低于钳形电流表的额定电压。

2）测量高压线路的电流时，要戴绝缘手套，穿绝缘鞋，站在绝缘垫上。

3）钳口要闭合紧密，不能带电转换量程。

三、复习与思考

1. 用万用表测量交流电压时，红表笔与黑表笔如何接入？

2. 万用表在不使用时，转换开关应置于什么挡位？

3. 兆欧表不用时，指针应在什么位置？

实训项目3 电动机及低压电器元件的检测

一、实训目的

1. 正确识别低压电器元件并判断其好坏。

2. 掌握电动机绕组的检测方法。

二、实训内容

1. 判别电动机绕组的组别

用万用表电阻挡（指针式万用表用×1倍率挡，数字式万用表用200挡）测量，测得有电阻的两端为同一相绕组的两根出线端。

2. 判别电动机绕组的首尾端

电动机的首尾端一般由其引出端标记可知，但对于无引出端标记的电动机，必须先判别其首尾端才能接线；否则会因接错绕组而损坏电动机。下面介绍用剩磁法判别电动机首尾端的方法。首先用万用表电阻挡查出每相绕组的两端，分出三相绕组，共6个接线端。然后将三相绕组的3个假设的首端接在一起，3个假设的尾端接在一起。再在这两个连接点之间接上万用表（万用表的挡位置于毫安挡），如图2—15所示，接好仪表后，用手转动转子，如表针摆动，则表明假设的首尾端有错误，可调换其中任意一相的两个接线端，再转动，如果表针不动或只有极微弱的抖动，表明假设正确；否则，将已对调的绕组复原后，再对调另一相绕组的两个接线端，再转动观察，直到指针不动为止。

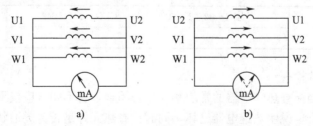

图2—15 电动机首尾端的判别

a）表针不摆动，假设的首尾端正确 b）表针摆动，假设的首尾端不正确

3. 测量电动机的绝缘电阻

（1）校验兆欧表的好坏

校验方法可参考实训项目 2。

（2）测量电动机相间绝缘电阻

将兆欧表的两个测量端分别接两个不同的绕组出线端，均匀转动兆欧表的手柄（转速约为 120 r/min），观察兆欧表的读数并填入表 2—1 中。

（3）测量电动机绕组对地的绝缘电阻

将兆欧表的"接地"端接电动机机壳的接地部位，另一个测量端分别接电动机每相绕组的一端，均匀转动兆欧表的手柄，观察兆欧表的读数并填入表 2—1 中。

表 2—1　　　　　　　　　　　　　电动机绝缘电阻的测量

项目	U—V	V—W	W—U	U—地	V—地	W—地
绝缘电阻值（Ω）						

4. 检查元件

（1）交流接触器

1）交流接触器及其符号。接触器是一种用来接通或切断交、直流主电路和控制电路的自动控制电器。主要用于远距离频繁接通和分断交、直流主电路及大容量控制电路，其主要控制对象为电动机。根据主触点通过电流的种类不同，接触器分为交流接触器与直流接触器。

交流接触器及其图形符号如图 2—16 所示。

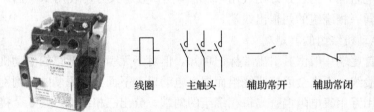

线圈　　主触头　　辅助常开　　辅助常闭

图 2—16　交流接触器及其图形符号

2）交流接触器的检查。用万用表欧姆挡（指针式万用表用×100 的挡位）检查线圈电阻，不同型号的接触器阻值不同。表 2—2 列出几种不同型号的接触器线圈电阻的参考值。

表 2—2　　　　　　　　　　接触器线圈的阻值（线圈额定电压为 380 V）

型号	CJX1—32/22	CJX1—9（37B40）	S—K21
阻值（Ω）	1 780	1 780	600

（2）热继电器的检查

用万用表欧姆挡检查热继电器的常闭触点是否闭合，若不闭合应按下复位按钮，若复位后常闭触点仍不闭合，说明热继电器已坏，同时检查热元件是否为导通状态。

（3）按钮的检查

用万用表欧姆挡测量按钮开关的常开触点，仪表的指针应指在无限大（机械式万用表）或显示"1"（数字式万用表）；按下按钮，指针应回零；常闭触点检查的结果与常开触点相反。

三、复习与思考

1. 用指针式万用表测量电动机绕组的阻值，其电阻挡应选哪一挡？
2. 热继电器的整定电流如何设置？
3. 接触器主触头的额定电流是如何选择的？

实训项目 4　三相负载的连接

一、实训目的

1. 掌握三相照明负载的连接方法。
2. 掌握负载相电压和线电压的测量方法。
3. 掌握单股或多股导线的"一"字和"T"字连接。
4. 掌握用电工胶布进行绝缘处理的方法。
5. 掌握移动电气设备使用前的安全检查项目。

二、电气原理图

三相负载连接电气原理图如图 2—17 所示。

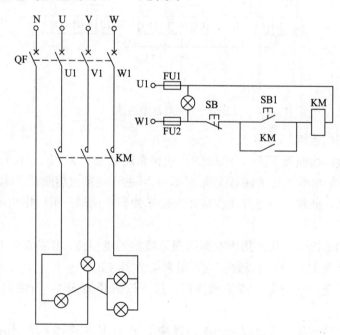

图 2—17　三相负载连接电气原理图

三、实训内容

1. 选择和检查元件

根据图 2—17，选择 2 个按钮开关、1 个接触器、2 个熔断器、1 只指示灯、4 只白炽灯等，并检查元件的好坏。

特别提示：控制线路的指示灯用彩色氖灯，该灯不能用万用表测量出电阻值，即用万用表不能检查出其好坏。

2．连接电路

连接电路应注意接线工艺。一般要求为：主电路用黄、绿、红线分相连接。布线横平竖直，无压绝缘皮现象，每个螺钉最多压两个线头，且无露铜现象。接线顺序遵循从上至下、从左到右、先串后并的原则。

（1）主电路的连接

低压断路器出线端从左至右所接黄、绿、红三条导线分别至接触器 KM 的主触头进线端，从主触头出线端分别接灯泡的引线端（其中 W 相上两只灯泡并联），灯泡另一端短接成一个点后，接至工作零线，如图 2—18 所示。图中，灯泡已与接线端相连，L1 和 N1 表示灯泡的两根连线，以此类推。图中有 6 只灯泡，可从中选择 4 只。

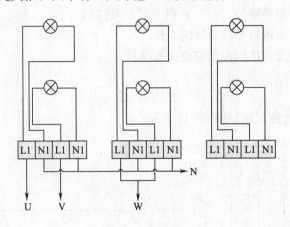

图 2—18　灯泡的连接

（2）控制线路的连接

从 W1 相出线接熔断器 FU2，FU2 的出线接常闭按钮开关 SB，SB 的出线端接常开按钮开关 SB1，SB1 的出线端接接触器线圈 KM，KM 的出线端接熔断器 FU1，FU1 的出线端接 U1 相。将自锁 KM 常开触点并联在常开按钮开关 SB1 两端。最后接指示灯。

3．检查线路

在断开电源的情况下，用万用表欧姆挡测量线路的电阻值，以判断所接线路是否正确。将指针式万用表调至 $R×100$ 挡或数字式万用表调至 2k 挡。

（1）将两支表笔分别与 U1、W1 相连接，按下按钮开关 SB1，所测值为接触器 KM 线圈的阻值。

（2）将两支表笔分别与接触器主触头出线端 U 相和 V 相连接，所测值为 2 只白炽灯串联的电阻值。

（3）将两支表笔分别与接触器主触头出线端 V 相和 W 相连接，所测值为 2 只白炽灯并联后再与 1 只白炽灯串联的电阻值。

（4）将两支表笔分别与接触器主触头出线端 W 相和 U 相连接，所测值为 2 只白炽灯并联再与 1 只白炽灯串联的电阻值。

4. 电压测量

初学者必须在指导教师的监护下进行电压测量。

线电压测量：选好万用表电压量程（量程必须大于 380 V），用表笔（探针）分别测量两根火线 U1 与 V1 相；V1 与 W1 相；W1 与 U1 相，并将读数填入表 2—3 中。

相电压测量：选好万用表电压量程（量程必须大于 220 V），用表笔（探针）分别测量火线与零线，并将读数填入表 2—3 中。

表 2—3　　　　　　　　　　　　　　　　　　　**电压的测量**

线电压	U−V	V−W	W−U
测量值			
相电压	U−N	V−N	W−N
测量值			

5. 导线的连接

掌握单股线的"一"字连接、"T"字连接及多股线的连接方法。具体内容参见附录 3。

6. 恢复接头处绝缘

导线进行"T"字连接或"一"字连接后，接头处的绝缘要进行恢复，其步骤是：将黄蜡带从导线左边完整的绝缘层上开始包缠，包缠两带宽后方可进入无绝缘层的芯线部分，包缠时，黄蜡带与导线保持约 55°的倾斜角，每圈压叠带宽的一半。包缠一层黄蜡带后，用绝缘胶布在黄腊带的尾端，按另一斜叠方向包缠一层，每圈压叠胶布宽度的一半。

（1）对于 380 V 线路，必须先包缠 1～2 层黄蜡带，然后再缠一层绝缘胶布。

（2）对于 220 V 线路，先包缠 1～2 层黄蜡带，然后再缠一层绝缘胶布；也可只缠两层绝缘胶布。

7. 移动电气设备使用前的安全检查

（1）手电钻使用前的安全检查

手电钻的日常检查至少应包括以下项目：

1）外壳、手柄是否有裂缝、破损。

2）保护接地或接零线连接是否正确、牢固、可靠。

3）电缆线及插头是否完好无损。

4）开关动作是否正常、灵活，开关有无缺陷、破裂。

5）电气保护装置是否良好。

（2）电焊机使用前的安全检查

1）应用三芯电缆软线，外皮不应有明显的破损。

2）外壳应有保护接地，并装有漏电保护器。

3）内部线圈与外壳必须有良好的绝缘。

四、项目评价

本实训项目的掌握情况可通过表 2—4 进行评价。

表 2—4　　　　　　　　　　　　　　　　项目评价表

一、电气控制线路的连接（60分）

考核项目	评 分 标 准	得分	扣分记录及备注
1. 选择和检查元件（6分）	未进行元件选择和检查者不得分		
2. 接线工艺（21分）	1. 布线整齐、美观，主回路按规定颜色布线，得3分 2. 主回路横平竖直，弯成直角，得3分 3. 接线端子不超过两根导线，得3分 4. 导线与端子接触良好，得3分 5. 无导线绝缘皮压入端子，得3分 6. 导线露铜不超过2 mm，得3分 7. 导线与接线桩连接做羊眼圈或瓦型或反圈，得3分		
3. 线路检查（5分）	经检查不能通电扣5分		
4. 通电试车（20分）	1. 第一次通电不成功扣10分 2. 第二次通电不成功或放弃不得分		
5. 接地线（8分）	电动机、柜体、仪表外壳有一处不接地扣4分，扣完为止		

二、电气测量（通电成功后进行，10分）
测量负载相电压（5分）＿＿＿＿＿＿线电压（5分）＿＿＿＿＿＿

三、导线连接（15分）	单股或多股导线的"一"字、"T"字连接（现场指定）（10分）			
	用绝缘胶布进行绝缘处理（5分）			
四、移动设备（15分）	手电钻或电焊机使用前进行安全检查（现场指定）（15分）	每错一项扣5分		
五、安全文明操作	违反安全操作规程或安全文明生产酌情倒扣5～50分			
合计			

五、复习与思考

1. 零线上能否安装开关或熔断器？为什么？
2. 试分析零线断线出现的后果。

实训项目5　带电流测量的点动控制

一、实训目的

1. 掌握电流互感器的使用方法。
2. 掌握点动控制线路的连接方法。

3. 掌握接地线的类型及连接方法。

4. 进一步熟悉触电急救及灭火方法。

二、电气原理图

带电流测量的点动控制电气原理图如图 2—19 所示。

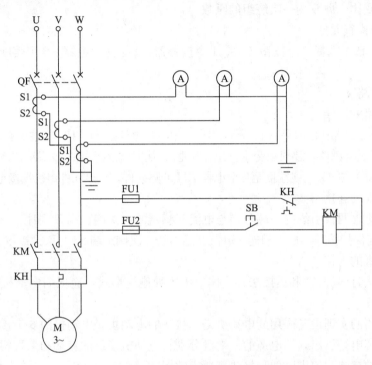

图 2—19　带电流测量的点动控制电气原理图

三、实训内容

1. 电器元件识别

（1）电流表

本书介绍的电流表为安装式电流表，多用在配电屏上，为直读式仪表。一般与电流互感器配合使用。如 30/5 的电流表需配 30/5 的电流互感器。判断电流表的好坏时，可用万用表的欧姆挡测量电流表线圈是否断开。

（2）电流互感器

电流互感器的作用是将高电压电流或低电压大电流变换为低电压或小电流，供给测量仪表和继电保护装置，并将测量仪表和继电保护装置与高电压电路隔离开来。电流互感器的二次侧电流一般为 5 A，也有的为 1 A。

按照线圈形式不同电流互感器分为贯穿式、母线式、装入式、穿墙式、线圈式、瓷箱式。本书主要介绍母线式（空心），图 2—20 所示为母线式电流互感器实物图。

图 2—20　母线式电流互感器实物图

例如，对于 LMZ1－0.5 型互感器，当穿过 1 根导线时，变比为 150/5（30 倍）；当穿过 2 根导线时，变比为 75/5（15 倍）；当穿过 3 根导线时，变比为 50/5（10 倍）；穿过 5 根导线时，变比为 30/5（6 倍）；穿过 10 根导线时，变比为 15/5（3 倍）；而 LMZJ1－0.5 型互感器的变比为 30/5。

为了使测量准确，一次绕组电流的选择原则是：根据配电屏上仪表量程或负载大小确定电流互感器的变比，即改变一次绕组的匝数。

2. 选择和检查元件

根据图 2—19，选择 1 个按钮开关、1 个接触器、1 个热继电器、2 个熔断器等，并检查元件的好坏。

3. 连接电路

（1）主线路的连接

从断路器的出线端 U 相、V 相、W 相引出 3 根线与电流互感器 P1 端连接（对于空心互感器而言，火线应穿过互感器，并根据变比，穿心 5 匝）；从电流互感器的 P2 端的出线接接触器 KM 的主触头，从 KM 主触头出线端接至热继电器 KH 的热元件，从热元件出线端接至电动机 M。

（2）电流表的连接

将 3 只电流表两根引线的一端分别与电流互感器的二次侧首端 S1 相接，3 只电流表引线另一端短接后与保护接零（地）相连。电流互感器的二次侧末端 S2 与保护接零（地）相连。

（3）电动机的连接

电动机接法有两种，Y 和 △ 接法，具体采用哪种连接形式，应根据电动机的铭牌所规定的接法连接。

本书所介绍的实训设备采用的电动机是 △ 接法的电动机，电动机的 6 个接线端已从接线盒通过两根三芯电缆引出，即电缆的一端已分别与电动机绕组的首端和末端相连。为了帮助初学者掌握两种接法，实训时两种接法都要求掌握。

1）Y 形接法。将电动机绕组的首端分别接在热继电器热元件的出线端，电动机的末端连在一起。

2）△ 形接法。选一根电缆作为首端，将 3 根线芯分别接至热继电器热元件的出线端，另一根电缆的接法为：与 U 相相通的电缆线芯接到热继电器热元件出线端的 V 相上，与 V 相相通的电缆线芯接到热继电器热元件出线端的 W 相上，与 W 相相通的电缆线芯接到热继电器热元件出线端的 U 相上。

（4）控制电路的连接

从断路器 U 相的出线端接至熔断器 FU2，从 FU2 的出线端接至按钮开关 SB 的常开触点，从 SB 出线端接至接触器线圈 KM（进线端），从接触器线圈 KM（出线端）接至热继电器 KH 的常闭触点，从 KH 的常闭触点出线端接至熔断器 FU1，从 FU1 出线端接至断路器 W 相的出线端。

4. 检查控制电路

在断开电源的情况下，用万用表的欧姆挡（指针式万用表宜用×100 挡，数字式万用表宜用 2 k 挡）检查控制电路。

将两支表笔与开关出线端 U 相、W 相相接，按下按钮开关 SB，所测值应为接触器线圈 KM 的阻值。

5．故障判断

初学者在接线中易出现的故障如下：

（1）控制电路的电阻值若很小（接近零）则说明有短路故障，出现此种故障时一定不要送电。

（2）若电阻值无穷大则说明有开（断）路故障，出现这种故障时，首先检查熔断器是否熔断，其次检查热继电器常闭触点有无接错或是否断开，若不是上述原因，则需用万用表逐步沿线路查找。

6．通电试运行

若检查电路无故障，可通电试运行。

7．安全接地

（1）柜体接地

柜体接地是指实训柜本体的保护接地。此处保护接地实质为保护接零。本书所介绍的实训室已采用三相五线制供电系统，其实训柜柜体已与保护零线相连，在柜体反面可见到一根黄绿双色线。参加实训的人员在实训前应检查此线连接是否可靠，若有松动要予以紧固，以保证此线接触良好。

（2）电动机接地

电动机接地是指电动机外壳的接地。电动机已引出一根黑色线（与电缆捆在一起），将此线与实训柜柜体上的接地螺钉相连。

（3）电流互感器二次侧的接地

将电流互感器二次侧末端 S2 与实训柜柜体的接地螺钉相连。

四、项目评价

本实训项目中控制线路的连接掌握情况可通过表 2—4 中"一、电气控制线路的连接（60 分）"部分进行评价；实训项目中触电急救与灭火技能掌握情况可通过表 2—5 进行评价。

表 2—5　　　　　　　　　　　　　　　项目评价表

	考核项目	评分标准	得分	扣分记录及备注
一、触电急救	演示人工呼吸与胸外心脏按压法同时进行的救护方法（10 分）	每项操作 5 分		
	胸外心脏按压法的操作（15 分）	救护不成功不得分		
二、灭火器材使用	不带电设备起火或带电设备起火（现场指定一种情况）后进行灭火操作（15 分）	1．宜选用的灭火器：_____。 2．演示使用方法		

五、复习与思考

1．当电动机为Y形接法时，线电流____相电流，线电压____相电压。当电动机为△形接法时，线电流____相电流，线电压____相电压。

2．当电动机转速异常或有"嗡嗡"声时，应判断为_____运行，这时应立即_____电源，并用万用表检查电动机绕组是否_____或_____。

3. 当电动机为Y形或△形接法时，若按下按钮开关，接触器吸合而电动机不转是什么原因？

4. 如何改变三相异步电动机的转向？

实训项目6 两地控制

一、实训目的

1. 掌握两地控制线路的连接方法。
2. 掌握电动机的三角形接法。
3. 掌握电动机绝缘电阻的测量方法。
4. 掌握低压电源停电、送电的操作顺序。

二、电气原理图

两地控制电气原理图如图2—21所示。

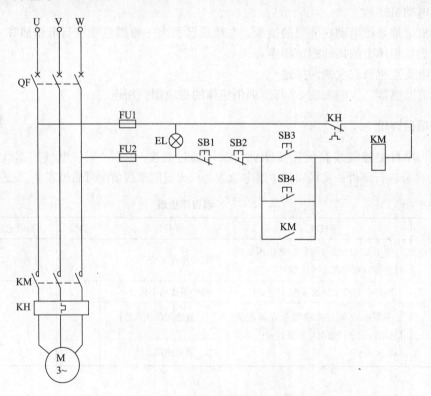

图2—21 两地控制电气原理图

三、实训内容

1. 选择和检查元件

根据图2—21，选择4个按钮开关、1个接触器、1个热继电器、2个熔断器、1只指示灯等，并检查元件的好坏。

2. 连接控制电路

如图 2—21 所示，从断路器出线端 W 相出发接熔断器 FU2，FU2 的出线端接常闭按钮开关 SB1，SB1 的出线端接常闭按钮开关 SB2，SB2 的出线端接常开按钮开关 SB3，SB3 的出线端接至接触器 KM 的线圈，KM 线圈的出线端接热继电器 KH 的常闭触点，KH 常闭触点的出线端接至熔断器 FU1，FU1 出线端接断路器出线端 U 相；将常开按钮开关 SB4 并联在常开按钮开关 SB3 两端；将接触器辅助常开触点 KM 并联在常开按钮开关 SB4 的两端；最后接指示灯。

3. 检查控制电路（通电前的检查）

在断开电源的情况下，用万用表的欧姆挡（指针式万用表宜用×100 挡，数字式万用表宜用 2 k 挡）检查控制电路。

将两支表笔与断路器出线端 U 相、W 相相接，按下按钮开关 SB3，所测值为接触器 KM 线圈的阻值；按下按钮开关 SB4，所测值也为接触器 KM 线圈的阻值。

4. 通电试运行

若检查电路无故障时，可通电试运行。

5. 低压电源停电、送电操作

在模拟板上进行停电、送电操作，掌握隔离开关与操作开关（断路器）的操作顺序。

送电顺序：先合隔离开关，后合操作开关。

停电顺序：先拉开操作开关，后拉开隔离开关。

特别提示：在操作过程中，只要故障灯亮，就表明操作顺序有误。

6. 测量电动机的绝缘电阻

具体内容参见实训项目 3。

四、项目评价

本实训项目中控制线路的连接掌握情况可通过表 2—4 中"一、电气控制线路的连接（60 分）"部分进行评价；本实训项目中兆欧表的使用与低压电源停电、送电操作掌握情况可通过表 2—6 进行评价。

表 2—6　　　　　　　　　　　　　　　项目评价表

	考核项目	评分标准	得分	扣分记录及备注
一、测量绝缘电阻	检验兆欧表好坏（6 分）	每错一项不得分		
	测量电动机绕组间及绕组对地的绝缘电阻（14 分）	相间绝缘电阻（7 分）		
		相对地绝缘电阻（7 分）		
二、停电与送电操作	低压电源停电、送电操作（20 分）	送电或停电顺序错误此项不得分		

五、复习与思考

1. 如图 2—21 所示，按下按钮开关 SB3 或 SB4，电动机启动后停机是什么原因？

2. 如图 2—21 所示，按下按钮开关 SB3 或 SB4，电动机发出"嗡嗡"的响声是什么原因？此时若不及时切断电源会产生什么后果？

3. 在停电、送电操作过程中，若不遵循操作顺序会带来哪些后果？

4. 简述图 2—21 所示电路的控制原理。

实训项目 7　接触器联锁的正反转控制

一、实训目的

1. 掌握电动机正反转控制电路的连接方法。
2. 掌握电动机线电压、相电压的测量方法。
3. 掌握电动机线电流、相电流、零序电流的测量方法。
4. 掌握照明线路故障检修的方法。

二、电气原理图

接触器联锁的正反转控制电气原理图如图 2—22 所示。

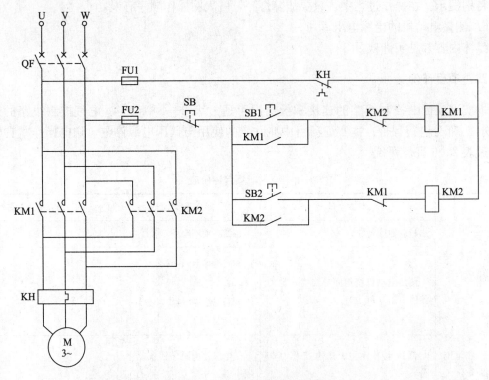

图 2—22　正反转控制电气原理图

三、实训内容

1. 选择和检查元件

根据图2—22所示，选择1个漏电开关、2个接触器、1个热继电器、3个按钮开关、1只指示灯、2个熔断器等，并检查元件的好坏。

2. 按图连接电路

（1）控制电路的连接

1）从断路器出线端W相出发接熔断器FU2，FU2的出线端接常闭按钮开关SB，SB的出线端接常开按钮开关SB1，SB1出线端接至接触器KM2的常闭触点（互锁），KM2常闭触点的出线端接至接触器KM1的线圈；将KM1辅助常开触点并联在常开按钮开关SB1两端（自锁）。

2）从SB的出线端接至常开按钮开关SB2，SB2的出线端接接触器KM1的常闭触点（互锁），KM1常闭触点的出线端接至接触器KM2的线圈；将KM2的辅助常开联触点并联在常开按钮开关SB2两端（自锁）。

3）合并线圈KM1、KM2的出线端接至热继电器KH的常闭触点，KH常闭触点的出线端接至熔断器FU1，FU1的出线端接断路器出线端U相。

（2）主电路的连接

1）从断路器出线端引出三条相线分别接至接触器KM1主触头，从KM1主触头出线端接至热继电器的热元件，从热继电器热元件的出线端接电动机M（训练时电动机可接成Y形，实际中按电动机铭牌上规定的接法连接）。

2）从KM1进线端依次引出三条线接至KM2主触头（相序不变），从KM2出线端引出三条线接至KM1主触头的出线端（此时注意相序的调整，只需对调其中两根线即可）。

3. 检查电路

（1）控制电路的检查

在断开电源的情况下，用万用表的欧姆挡（指针式万用表宜用×100挡，数字式万用表宜用2k挡）检查控制电路。

将两支表笔分别与断路器出线端U相、W相相接，分别按下按钮开关SB1和SB2，所测阻值为接触器KM线圈的电阻。

（2）主电路的检查

在断开电源的情况下，用万用表的欧姆挡（指针式万用表宜用×1或×10挡，数字式万用表宜用200挡）检查主电路。

分别手动（本书所介绍的接触器有手动检查的功能）按下KM1和KM2，用万用表测断路器QF出线端三次（U相与V相、V相与W相、W相与U相）其阻值应一样，否则表示有缺相。

4. 测量

（1）电流的测量

用钳形电流表测量Y形和△形接法时电动机的线电流与零序电流，填入表2—7中。

表 2—7			电动机的电流	
项　目	I_U	I_V	I_W	I_0
Y形接法				
△形接法				

(2) 电压的测量

测量Y形和△形接法时电动机的相电压与线电压，填入表 2—8 中。

表 2—8	电动机的电压	
项目	相电压	线电压
Y形接法		
△形接法		

5. 照明线路故障判断的操作程序

(1) 断路故障的判断

如图 2—23 所示为照明供电分路图。合上总开关（漏电开关），依次合上分开关（分 1、分 2、分 3），合上负荷开关 S1、S2、S3，当合上某一负荷开关，灯不亮或插座无电时，则该支路为断路。

(2) 漏电故障的判断

如图 2—23 所示，当出现总开关跳闸时，判断漏电支路的程序是：

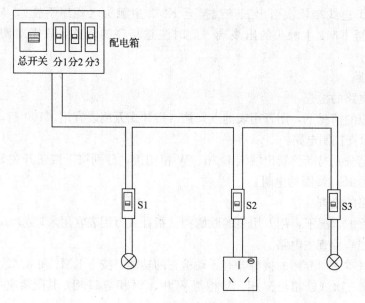

图 2—23　照明供电分路图

1）断开各负荷开关和分路开关

2）合上总开关

3）依次合上分路开关

4）分别合上负荷开关，当合上某一负荷开关时总开关跳闸，则该支路有漏电故障。漏电故障的查找可参见附录 4。

四、项目评价

本实训项目中控制线路的连接掌握情况可通过表 2—4 中"一、电气控制线路的连接（60 分）"部分进行评价；本实训项目中的电气测量和线路故障检修的掌握情况可通过表 2—9 进行评价。

表 2—9   项目评价表

	考核项目	评分标准	得分	扣分记录及备注
一、电气测量	电动机电压测量（12 分）	电动机实际接法（2 分）＿＿＿＿＿ 线电压（5 分）＿＿＿＿＿ 相电压（5 分）＿＿＿＿＿		
	电动机电流测量（12 分）	线电流（4 分）＿＿＿＿＿ 相电流（4 分）＿＿＿＿＿ 零序电流（4 分）＿＿＿＿＿		
二、线 路 故障检修	在指定线路上进行线路故障检修（16 分）	每错一项不得分		

五、复习与思考

1. 判断题

（1）主回路中将两个接触器主触头出线端中任意两相调换位置，就可实现正反转控制。
（   ）
（2）为了实现自锁，接触器的辅助常开触点应与该回路中的启动按钮开关并联。（   ）

2. 分析题

（1）指出图 2—22 中的联锁触点，若不采用会出现什么后果？
（2）在图 2—22 所示的控制电路中，KM1 和 KM2 的常开触点起什么作用？
（3）如图 2—22 所示，若合上电源开关后，按下 SB1，电动机转动，手一松开就停转，是哪部分未接好？
（4）如图 2—22 所示，按下 SB1 或 SB2 电动机转向相同，哪部分电路有误？

实训项目 8 自动顺序控制

一、实训目的

1. 掌握顺序控制电路的连接方法。
2. 熟知时间继电器触点的作用。
3. 掌握三相五线制系统模拟接线方法。

二、电气原理图

自动顺序控制电气原理图如图 2—24 所示。

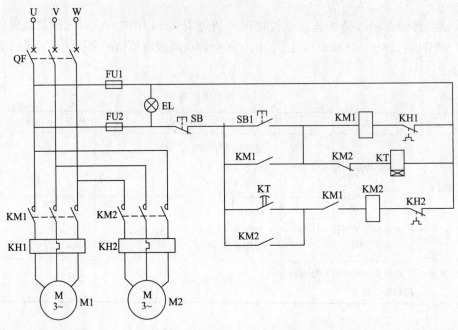

图 2—24　自动顺序控制电气原理图

三、实训内容

1. 元件的识别

常用的时间继电器有晶体管式（如 AH3 型）和电子式（如 JS14P 型）。

AH3 型晶体管式时间继电器有一副延时型触点、一副瞬动触点，其接线端排列为：2—7 为线圈，5—8 为常闭触点，6—8 为常开触点，如图 2—25 所示。

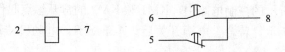

图 2—25　AH3 型晶体管式时间继电器接线端排列

JS14P 型电子式时间继电器有两副延时型触点，其接线端排列为：1—2 为线圈，一组中的 3—4 为常开触点，3—5 为常闭触点；另一组中的 6—7 为常开触点，6—8 为常闭触点，如图 2—26 所示。

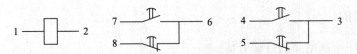

图 2—26　JS14P 型电子式时间继电器接线端排列

时间继电器线圈电阻值见表 2—10。

表 2—10 时间继电器线圈电阻值

时间继电器型号	AH3	JS14P
电阻值（Ω）	约 15 k	5.8 k

2. 选择和检查元件

根据图 2—24，选择 2 个按钮开关、2 个接触器、1 个时间继电器、2 个热继电器、2 个熔断器、1 只指示灯等，并检查元件的好坏。

3. 连接电路

（1）控制电路的连接

1）从断路器 QF 出线端 U 相出发接至熔断器 FU2，从 FU2 出线端接常闭按钮开关 SB，从 SB 出线端接至常开按钮开关 SB1，从 SB1 出线端接至接触器 KM1 线圈，从 KM1 线圈出线端接至热继电器 KH1 的常闭触点；将 KM1 的其中一副辅助常开触点并联在常开按钮开关 SB1 两端（自锁）。

2）从 SB1 出线端接至 KM2 的常闭触点，从 KM2 常闭触点出线端接至时间继电器 KT 的线圈。

3）从 SB 出线端接至时间继电器 KT 的常开触点，从 KT 常开触点出线端接至 KM1 的另一副辅助常开触点上，从此副常开触点出线端接至接触器 KM2 的线圈，从 KM2 线圈出线端接至热继电器 KH2 的常闭触点；将 KM2 辅助常开触点并联在时间继电器 KT 常开触点两端。

4）合并 KH1、KH2 常闭触点及 KT 线圈的出线端，接至 FU1，从 FU1 出线端接至断路器 QF 出线端 W 相上，最后接指示灯。

特别提示：此图中两个 KM1 辅助常开触点必须两副单独使用，不能接在同一副上。

（2）主电路的连接在此不再赘述。

4. 检查控制电路

在断开电源的情况下，用万用表的欧姆挡（指针式万用表宜用×100 挡，数字式万用表宜用 2 k 挡）检查控制电路。

（1）将两支表笔分别与断路器 QF 出线端 U 相、W 相相接，按下 SB1，所测值为线圈 KM1//KT 的电阻值（注：本书中出现的符号"//"均表示线圈电阻的并联关系）。

（2）松开一个熔断器，将两支表笔分别接到 KT 常开触点两端，按下 KM1，所测值为线圈 KM1//KT+KM2 的电阻值（注：此处符号"+"表示电阻的串联关系）。

（3）将松开的熔断器复位。

5. 通电试运行。

6. 三相五线制模拟接线

在表 2—11 的图中画出三相电动机、白炽灯、单相三芯插座等负载接入三相供电电路中的接线图，其要点如下：

（1）电动机外壳及插座的接地芯线必须接在保护零线 PE 上。

（2）白炽灯的螺纹接在工作零线 N 上。

（3）插座的零线孔（左零右火）接在工作零线 N 上。

（4）电动机的相线经过三相开关、白炽灯的相线经过单相开关并分别接在相应的火线（L1、L2、L3）上。

四、项目评价

本实训项目中的三相五线制的接线方法掌握情况可通过表 2—11 进行评价。

表 2—11　　　　　　　　　　　　　　项目评价表

考 核 项 目	得分	扣分记录及备注
三相五线制系统模拟接线（30分） 三相五线制模拟接线图		

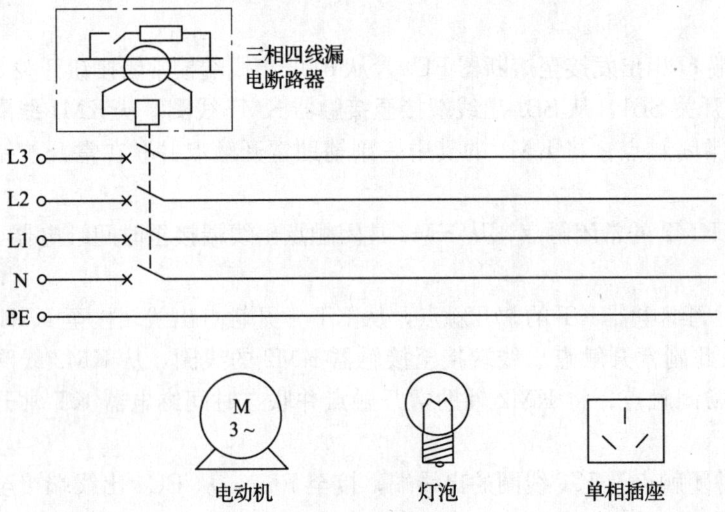

五、复习与思考

1. 填空题

（1）通电延时的时间继电器符号为_____。

（2）断电延时的时间继电器符号为_____。

（3）当通电延时的时间继电器线圈通电时，触点_____动作，断电时触点_____释放。

（4）当断电延时的时间继电器线圈通电时，触点_____动作，断电时触点_____释放。

（5）时间继电器触点根据动作时间长短有_____型和_____型。

2. 分析题

（1）图 2—24 所示电气原理图中的时间继电器能否用断电延时型代替？为什么？

（2）如图 2—24 所示，当合上断路器 QF 后，按下 SB1，手一松开 M1 就停转是什么原因？

（3）如图 2—24 所示，当 M1 启动后，KT 动作，M2 启动但立即停转是什么原因？

（4）如误将插座的保护零线孔接在工作零线上会出现什么现象？

（5）简述图 2—24 所示控制电路的控制原理。

实训项目 9 有功、无功电度表的联合接线

一、实训目的

1. 进一步掌握互感器的使用方法。
2. 掌握有功、无功电度表的联合接线方法。
3. 掌握有功、无功电度表计量及读数方法。

二、电气原理图

有功、无功电度表联合接线电气原理图如图 2—27 所示。

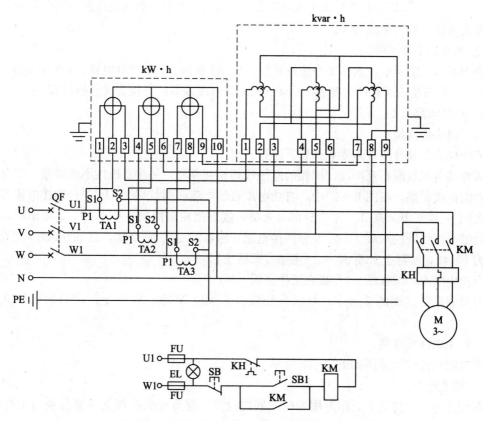

图 2—27 有功、无功电度表联合接线电气原理图

三、实训内容

1. 元件的识别

（1）三相四线有功电度表

三相四线有功电度表由三个元件组成。每个元件相当于一个单相电度表，元件的电压线圈都是 220 V，电流线圈则有不同的规格。可配合三个电流互感器来测量大容量电路的电

量。此处介绍的三相四线有功电度表为 DT－862 型，它有 10 个引出端，其中 1、4、7 号端为电流线圈的首端，3、6、9 号端为电流线圈的末端；2、5、8 号端为电压线圈的首端，10 号端为电压线圈的末端。

用万用表的欧姆挡可判断电压线圈和电流线圈的好坏。方法是：测量电压线圈 2 号端和 10 号端、5 号端和 10 号端、8 号端和 10 号端之间的阻值，约为 550 Ω；而电流线圈的阻值非常小，用万用表测量显示的测量值为零。

（2）三相三元件无功电度表

三相三元件无功电度表由三个元件组成。可配合三个电流互感器来测量大容量电路的电量。此处介绍的三相无功电度表为 DX－862 型，它有 9 个引出端，其中 1、4、7 号端为电流线圈的首端，3、6、9 号端为电流线圈的末端，2、5、8 号端为电压线圈的连接端。

用万用表的欧姆挡可判断电压线圈和电流线圈的好坏，方法是：测量 2 号端和 5 号端、5 号端和 8 号端、8 号端和 2 号端之间的阻值，约为 1 500 Ω；而电流线圈的阻值非常小，用万用表测量显示的测量值为零。

2．选择和检查元件

根据图 2—27 所示，选择 2 个按钮开关、1 个接触器、1 个热继电器、2 个熔断器、1 只指示灯、1 只三相四线有功电度表、1 只三相无功电度表等，并检查元件的好坏。

3．连接电路

（1）仪表的连接

多种仪表的联合接线需要掌握以下原则：

同相的电流线圈相互串联，同相的电压线圈相互并联，并注意极性不要接错。

根据此项原则，在图 2—27 中，有功电度表的电流线圈首端 1、4、7 分别接电流互感器的一次侧 S1 端，其末端 3、6、9 分别与无功电度表电流线圈的首端 1、4、7 相串联。无功电度表的电流线圈的末端 3、6、9 分别接电流互感器的二次侧 S2 端，且 S2 接地（此处的接地线为 PE 线，实际上末端 3、6、9 接在 PE 线上）。

有功电度表的零线端 10 号接在工作零线（N）上。

两只表电压线圈的 2、5、8 号端分别接在 U 相、V 相、W 相上。两只表的外壳接地（零）。

（2）主电路的连接

主电路的连接示意图如图 2—28 所示。

4．检查电路

在断开电源的情况下，用万用表的欧姆挡检查。将万用表的两支表笔分别与 U1 和 V1 相、V1 和 W1 相、W1 和 U1 相相接，所测阻值相同，约为 600 Ω。

5．通电试运行。

6．仪表的读数

（1）有功电度表的读数

$$用电量（KW \cdot h）=（本月行度数-上月行度数）\times K_i$$

式中　本月行度数——本月抄表数；

　　　上月行度数——上月抄表数；

　　　K_i——电流互感器的变比。

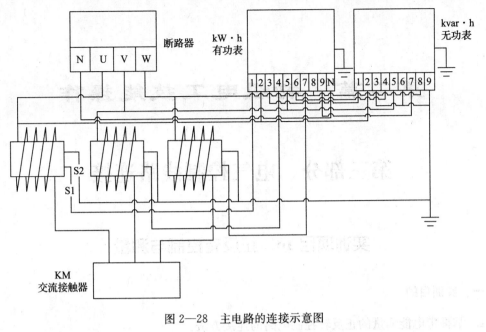

图 2—28　主电路的连接示意图

（2）无功电度表的读数

$$用电量（kvar·h）＝（本月行度数－上月行度数）×K_i$$

式中　本月行度数——本月抄表数；

上月行度数——上月抄表数；

K_i——电流互感器的变比。

四、项目评价

本实训项目中的保护接地（零）方法与电度表的读数掌握情况可通过表 2—12 进行评价。

表 2—12　　　　　　　　　　　　　项目评价表

考 核 项 目	得分	扣分记录及备注
一、保护接地（20分）		
1. 有功电度表外壳接地（5分）　　2. 无功电度表外壳接地（5分）		
3. 电流互感器 S2 接地（5分）　　4. 电动机外壳接地（5分）		
二、回答问题（10分）		
某有功电度表（或无功电度表）经电流互感器接入，本月读数为_____，上月读数为_____，电流互感器的变比为_____，实际用电量为_____。（其中表的类型、读数及电流互感器的变比由考评员现场指定并填写）		

五、复习与思考

1. 在本实训项目中，电动机未带负荷，哪种表转得快？

2. 有功电度表或无功电度表转向不对的原因有哪些？

第二篇 初级电工技能操作

第三部分 电气控制线路连接

实训项目10 正反转控制与测量

一、实训目的

1. 掌握带电能测量的正反转控制电路的连接方法。
2. 掌握电动机线电压、相电压的测量方法。
3. 掌握有功电度表的接线方法。

二、电气原理图

带电能测量的正反转控制电气原理图如图3—1所示。

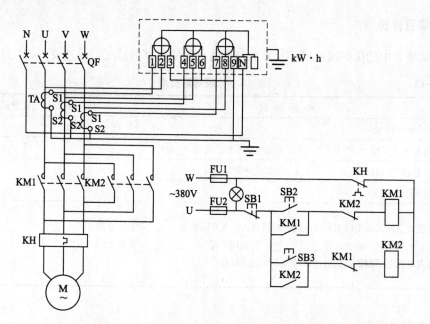

图3—1 带电能测量的正反转控制电气原理图

三、实训内容

1. 选择和检查元件

根据图 3—1 所示，选择 3 个按钮开关、2 个接触器、1 个热继电器、2 个熔断器、1 只指示灯等，并检查元件的好坏。

2. 连接电路

(1) 有功电度表与电流互感器的连接

1) 1、4、7 号端分别与电流互感器 TA 的 S1 端相接。

2) 2、5、8 号端分别与电流互感器 TA 的 P1 端相接，空心互感器接在开关出线端。

3) 3、6、9 号端分别与电流互感器 TA 的 S2 端相接。

4) 10 号端或（N）端与开关零线（N）出线端相接。

5) 电流互感器 S2 端与电度表外壳分别接地（零）。

(2) 控制电路的连接

控制电路的连接参见实训项目 7。

3. 检查控制电路

在断电的情况下，用万用表欧姆挡（指针式万用表宜用×100 挡）检查控制电路。

(1) 将两支表笔分别与断路器出线端 U 相、W 相相接，若电路正确，所测电阻值为 1 000 Ω左右。该阻值为电度表中两个电压线圈串联的电阻值。

(2) 断开一个熔断器，将两支表笔分别与两熔断器的出线端相接，按下 SB2（SB3），所测值为接触器 KM1（KM2）线圈的阻值。

(3) 将断开的熔断器复位。

4. 通电试运行。

5. 电气测量和分析计算

按表 3—1 的要求进行测量和分析计算。

表 3—1　　　　　　　　　　　　　电气测量与用电量的计算

序号	测 量 内 容		测量结果
1	互感器实际的匝数（5分）		
2	电动机绝缘电阻（5分）	相间绝缘	
3	电度表的读数（10分）	某有功电度表经电流互感器接入，本月读数：_____，上月读数：_____，互感器变比_____，实际用电量_____。	

注：电度表的读数及电流互感器变比由任课教师现场指定。

四、项目评价

本实训项目掌握情况可通过表 3—2 进行评价。

表 3—2　　　　　　　　　　　　　项目评价表

考核内容及要求	评分标准	扣分	得分
一、元件选择和检查（10分）	未选择及检查元件此项不得分		
二、接线工艺（15分）	此项得分以三个等级评定： A级：15分 B级：10分 C级：5分		
三、通电试车（40分） （在规定的考试时间内给予两次通电机会）	1. 第一次通电成功得40分 2. 第二次通电成功得20分 3. 第二次通电不成功或放弃者，此项不得分		
四、电度表的接线（15分）	通电成功后，指示正确得10分 电流互感器匝数穿错或电度表接错不得分		
五、电气测量（20分）	按表3—1中要求测量，由考评员现场抽查数据		
六、安全文明操作	违反安全操作规程或安全文明生产由考评员视情况倒扣分，所有在场考评员签名有效		

五、复习与思考

1. 填空题

（1）在 LMZ1—0.5 型电流互感器中穿了 3 根线，则变比为_____。

（2）在 LMZ1—0.5 型电流互感器中穿了 5 根线，而电度表本次读数为 3 456，上次读数为 3 127，则本月用电为_____度。

（3）电流互感器在运行时_____侧不允许开路。

（4）为了防止电流互感器二次侧断路，二次回路中使用的导线必须是_____以上的绝缘铜线，不允许使用钢线或铝线。

2. 判断题

（1）电流互感器的容量有的用伏安，有的用欧姆。　　　　　　　　　　　　　　（　　）

（2）电流互感器的容量用伏安表示时，其伏安数为 $S = I_2^2 Z_2$。　　　　　　　（　　）

（3）电流互感器二次额定电流由负载来决定。　　　　　　　　　　　　　　　（　　）

（4）电流互感器不允许长期过载运行。　　　　　　　　　　　　　　　　　　（　　）

3. 分析题

（1）电流互感器的二次侧为什么不允许开路？

（2）如将电流互感器的 S1、S2 或 P1、P2 接反，会出现什么现象？

（3）电流互感器在使用中须注意哪些问题？

（4）简述如图 3—1 所示电路的工作原理。

实训项目11 行程及限位控制

一、实训目的

1. 掌握行程控制线路的连接。
2. 进一步熟悉用钳形电流表测量电动机线电流、相电流及零序电流的方法。

二、电气原理图

行程及限位控制电路的电气原理图如图3—2所示。

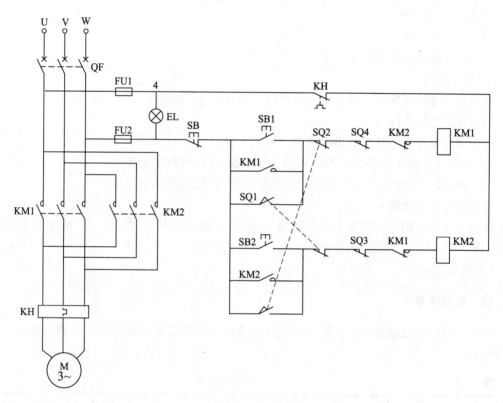

图3—2 行程及限位控制电气原理图

三、实训内容

1. 选择和检查元件

根据图3—2，选择3个按钮开关、2个接触器、4个行程开关、1个热继电器、2个熔断器、1只指示灯等，并检查元件的好坏。

2. 连接电路

（1）控制电路的连接

1）断路器QF出线端W相接至熔断器FU2，FU2的出线端接常闭按钮开关SB，SB的出线端接常开按钮开关SB1，SB1的出线端接至行程开关SQ2的常闭触点（互锁），SQ2的常闭触点出线端接 SQ4 的常闭触点（限位控制），SQ4 的常闭触点出线端接接触器 KM2 的常闭触点（互锁），KM2 常闭触点的出线端接至接触器 KM1 的线圈，将 KM1 的辅助常开触点并联在按钮开关 SB1 两端（自锁）；将 SQ1 的常开触点并在 KM1 的辅助常开触点两端。

2）按钮开关 SB 的出线端接至常开按钮开关 SB2，SB2 的出线端接至行程开关 SQ1 的常闭触点，SQ1 的常闭触点出线端接至 SQ3 的常闭触点（限位控制），SQ3 的常闭触点出线端接接触器 KM1 常闭触点（互锁），KM1 常闭触点的出线端接至接触器 KM2 的线圈，将 KM2 的辅助常开触点并联在按钮开关 SB2 两端（自锁）；将 SQ2 的常开触点并在 KM2 的辅助常开触点两端。

3）合并线圈 KM1、KM2 的出线端并接至热继电器 KH 常闭触点，KH 常闭触点的出线端接至熔断器 FU1，FU1 的出线端接断路器 U 相出线端。

4）接指示灯 EL。

（2）主电路的连接

主电路的连接参考实训项目 7

3. 检查电路

在断开电源的情况下，用万用表欧姆挡（倍率自选）检查。

（1）控制电路的检查

将两支表笔分别与开关的出线端 U、W 相相接。

1）分别按下 SB1 和 SQ1，所测阻值为接触器 KM1 线圈的电阻值。

2）分别按下 SB2 和 SQ2，所测阻值为接触器 KM2 线圈的电阻值。

（2）主电路的检查

将两支表笔分别与断路器 QF 出线端 U 相与 V 相、V 相与 W 相、W 相与 U 相相接，按下 KM1（KM2），所测阻值一样，否则，电动机缺相。

4. 通电试运行

四、项目评价

本实训项目中接触器线圈电阻的测量及电动机电流的测量掌握情况，可通过表 3—3 进行评价。

表 3—3   项目评价表

序号	测 量 内 容		测量结果	扣分	得分
1	接触器线圈电阻（3分）				
2	电动机绝缘电阻（5分）	相间			
3	电动机电流（试车成功后测量有效）（12分）	线电流			
		相电流			
		零序电流			

五、复习与思考

1. 简述图 3—2 所示电路的工作原理。

2. 图 3—2 所示电路中，SQ3，SQ4 的常闭触点能否互换？

3. 图 3—2 所示电路中，能否用 SQ1 或 SQ2 启动？

4. 图 3—2 所示电路中，能否用 SQ3 或 SQ4 停止？

实训项目 12   顺序控制与测量

一、实训目的

1. 掌握电流表经电流互感器的接线方式。
2. 掌握电压转换开关的连接。
3. 掌握手动顺序控制电路的连接。

二、电气原理图

顺序控制与测量电路的电气原理图如图 3—3 所示。

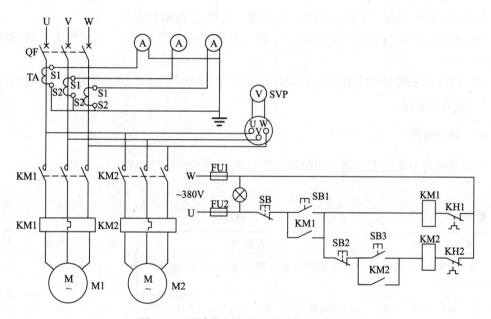

图 3—3   顺序控制与测量电路电气原理图

三、实训内容

1. 选择和检查元件

根据图 3—3，选择 4 个按钮开关、2 个接触器、2 个热继电器、2 个熔断器、1 只指示灯等，并检查元件的好坏。

2. 控制电路的连接

（1）从断路器 QF 的出线端 U 相出发接至 FU2，从 FU2 出线端接至按钮开关 SB 的常闭触点，SB 出线端接至 SB1 的常开触点，从 SB1 出线端接至接触器 KM1 的线圈，KM1 线圈出线端接至热继电器 KH1 的常闭触点；将 KM1 辅助常开触点并联在 SB1 常开触点两端

（自锁）。

（2）SB1 常开触点出线端接至 SB2 常闭触点，SB2 常闭触点出线端接至 SB3 常开触点，SB3 常开触点出线端接至 KM2 线圈，KM2 线圈出线端接至热继电器 KH2 的常闭触点，将 KM2 辅助常开触点并联在 SB3 常开触点两端（自锁）。

（3）合并 KH1 与 KH2 常闭触点的出线端，接至熔断器 FU1，从 FU1 出线端接至 QF 的 W 相出线端，最后接指示灯。

3. 电压转换开关的连接

本书介绍的电压转换开关为 LW5-16 YH3/3 型万能转换开关，共有 6 对触点，分上下两层，有 4 个位置，在零位时，开关处于断开，在其他位置时，上层和下层各有一对触点错开闭合。

在位置 1 时：1-2，7-8 连通，在位置 2 时：5-6，11-12 连通，在位置 3 时：9-10，3-4 连通。测量线电压时：单数上下相连，即 1-3，5-7，9-11 相连；对其加三相电源；双数 2、6、10 短接，4、8、12 短接，接到电压表两端。

4. 检查控制电路

在断开电源的情况下，用万用表检查电路，选择适当的欧姆挡。

（1）将两支表笔分别与开关出线端 U 相、W 相相接，按下 SB1，所测值为 KM1 线圈的电阻值；

（2）将两支表笔分别测量 SB3 两端，所测值为 KM1 与 KM2 线圈电阻的串联电阻值。

5. 通电试运行

四、项目评价

本实训项目中电流表、电压表的接线以及电气测量方法掌握情况，可通过表 3—4 进行评价。

表 3—4　　　　　　　　　　　　　　　项目评价表

考核内容及要求	评　分　标　准		结果	扣分	得分
一、电流表的接线：10 分（通电试车成功后）	指示正确得 10 分，错接或通电试车不成功不得分				
二、电压表的接线：10 分（通电试车成功后）	指示正确得 10 分，错接或通电试车不成功不得分				
三、电气测量：15 分	接触器线圈电阻（2 分）				
	电动机绝缘电阻（5 分）	（绕组对地）			
	电动机电压（试车成功后测量有效）（8 分）	线电压			
		相电压			

五、复习与思考

1. 简述图 3—3 所示电路的工作原理。

2. 图 3—3 所示电路中，SB2 的作用是什么？

3. 图 3—3 所示电路中，若将 SB2 进线端误接到 SB 的出线端，能否实现顺序控制？

4. 图 3—3 所示电路中，若误将 SB3 接成常闭触点，会出现什么现象？

实训项目 13 多地控制与测量

一、实训目的

1. 掌握多地控制电路的连接。

2. 进一步熟悉电动机绝缘电阻的测量。

3. 进一步熟悉电动机线电压、相电压的测量。

二、电气原理图

多地控制与测量电气原理图如图 3—4 所示。

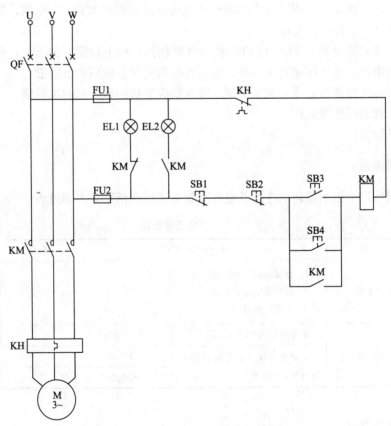

图 3—4 多地控制与测量电气原理图

注：EL1 为电源指示灯，EL2 为运行指示灯，电动机必须接成三角形。

三、实训内容

1. 选择和检查元件

根据图 3—4，选择 4 个按钮开关、1 个接触器、1 个热继电器、2 个熔断器、2 只指示灯等，并检查元件的好坏。

2. 控制电路的连接

（1）从断路器 QF 的出线端 W 相出发接熔断器 FU2，FU2 的出线端接常闭按钮开关 SB1，SB1 的出线端接常闭按钮开关 SB2，SB2 的出线端接常开按钮开关 SB3，SB3 的出线端接接触器 KM 的线圈，KM 线圈的出线端接热继电器 KH 的常闭触点，KH 常闭触点的出线端接至熔断器 FU1，FU1 的出线端接断路器 U 相的出线端；将常开按钮开关 SB4 并联在常开按钮开关 SB3 两端；将接触器辅助常开触点并联在常开按钮开关 SB4 两端。

（2）熔断器 FU2 的出线端接接触器 KM 常闭触点，M 常闭触点的出线端接指示灯 EL1，EL1 的出线端接 FU1 的出线端。

（3）接触器 KM 常闭触点的进线端接 KM 的另一个辅助常开触点，该常开触点出线端接指示灯 EL2，EL2 的出线端接 EL1 的出线端。

3. 检查控制电路

在断开电源的情况下，用万用表的欧姆挡（指针式万用表宜用×100 挡，数字式万用表宜用 2 k 的挡位）检查控制电路。

（1）将两支表笔分别与 FU1 和 FU2 的出线端相接，按下按钮开关 SB3，所测值应为接触器线圈的电阻值；按下按钮开关 SB4，所测值应为接触器线圈的电阻值。

（2）断开一个熔断器，手动按下 KM，所测值应为接触器线圈的电阻值。

（3）将断开的熔断器复位。

4. 通电试运行

四、项目评价

本次实训项目中指示电路的连接及电气测量方法掌握情况，可通过表 3—5 进行评价。

表 3—5   项目评价表

考核内容及要求	评 分 标 准		扣分	得分
一、指示电路（10 分）	1. 电源指示 4 分，通电成功后 2. 运行指示正确 6 分 3. 无指示不得分			
二、电气测量（15 分）	电动机绝缘电阻（5 分）	（绕组对地）		
	电动机电压（试车成功后测量有效）（10 分）	线电压		
		相电压		

五、复习与思考

1. 简述图 3—4 所示电路的工作原理。

2. 如何测量电动机绝缘电阻？

3. 如何测量电动机的线电压、相电压？

实训项目 14　车床空载自停控制与测量

一、实训目的

1. 掌握车床空载自停控制线路的连接。
2. 进一步熟悉电动机线电流、相电流、零序电流的测量。

二、电气原理图

车床空载自停控制电气原理图如图 3—5 所示。

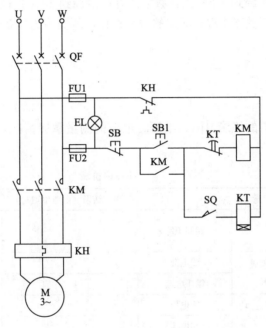

图 3—5　车床空载自停控制电气原理图

注：电动机必须接成三角形。

三、实训内容

1. 选择和检查元件

根据图 3—5，选择 2 个按钮开关、1 个接触器、1 个时间继电器、1 个热继电器、2 个熔断器、1 个行程开关、一只指示灯等，并检查元件的好坏。

2. 控制电路的连接

（1）从断路器出线端 W 相出发接熔断器 FU2，FU2 的出线端接常闭按钮开关 SB，SB 的出线端接常开按钮开关 SB1，SB1 的出线端接时间继电器 KT 的常闭触点，KT 常闭触点的出线端接至接触器 KM 的线圈。

（2）将接触器 KM 的辅助常开触点并联在常开按钮开关 SB1 两端。

（3）接触器 KM 辅助常开触点的出线端接至行程开关 SQ 的常开触点，SQ 常开触点的出线端接至时间继电器 KT 的线圈。

（4）合并 KM 线圈、KT 线圈的出线端，接至热继电器 KH 的常闭触点，KH 常闭触点的出线端接至熔断器 FU1，FU1 的出线端接断路器 U 相的出线端。

（5）接指示灯 EL。

3. 检查控制电路

在断开电源的情况下，用万用表的欧姆挡检查控制电路。

（1）将指针式万用表调至×100 挡位，数字式万用表调至 2 k 挡位。

1）将两支表笔分别与开关出线端 U 相、W 相相接，按下按钮开关 SB1，所测值应为接触器线圈的电阻值。

2）手动按下 KM，所测值应为接触器线圈的电阻值（注：未接电动机时）。

（2）将指针式万用表调到×1 k 挡，数字式万用表调到 20 k 挡位。

将两支表笔与行程开关 SQ 常开触点的两端相接，所测值为接触器 KM 线圈与时间继电器 KT 线圈的串联电阻值。

4. 通电试运行

四、项目评价

本实训项目中电动机的绝缘电阻、电压、电流的测量掌握情况，可通过表 3—6 进行评价。

表 3—6 项目评价表

序号	测量内容		测量结果（由考生填写）	扣分	得分
1	电动机绝缘电阻（4分）	（相间绝缘）			
2	电流的测量（试车成功后测量有效）（8分）	线电流			
		零序电流			
3	电动机电压（试车成功后测量有效）（8分）	线电压			
		相电压			

五、复习与思考

1. 简述图 3—5 所示电路的工作原理。

2. 如何测量电动机的线电流、相电流、零序电流？

实训项目 15　三相五线制供电系统

一、实训目的

1. 掌握三相五线制供电系统电路的连接。

2. 掌握三相五线制供电系统的特点。

3. 掌握配电箱进线端、出线端电压的测量。

二、电气原理图

三相五线制供电系统电气原理图如图3—6所示。

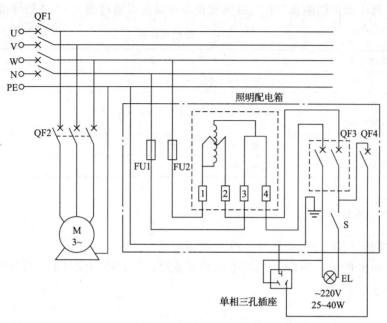

图 3—6 三相五线制供电系统电气原理图

三、实训内容

1. 选择和检查元件

根据图3—6，选择1只单相电度表、1个三相四极断路器、1个三相三极断路器、1个单相双极断路器、1个单相单极断路器、1个位开关、1个单相三极插座、2个熔断器等，并检查元件的好坏。

2. 连接电路

（1）电动机的连接

从断路器QF1出线端引出三条相线分别接至断路器QF2，从断路器QF2出线端接至电动机M，电动机外壳接保护零线PE。

（2）照明线路的连接

1）从断路器QF1出线端W相出发接至熔断器FU2，熔断器FU2的出线端接单相电度表的1号端子，单相电度表的2号端子接断路器QF3（双极开关），QF3的出线接开关S（位开关），开关S的出线接灯泡EL。

2）从工作零线N出发接至熔断器FU1，熔断器FU1的出线端接单相电度表的3号端子，单相电表的4号端子接断路器QF3的另一极，从此极出线端接白炽灯EL的另一端。

3）开关S进线端并联一根线至断路器QF4（单极开关），QF4开关出线接单相三孔插座相（火）线端（右边孔），从单相三孔插座零线端（左边孔）接至QF3开关零线出线端，单相三孔插座地线端（上边孔）接至保护零线PE上。

3. 通电试运行

四、项目评价

本实训项目中保护措施及三相五线制知识掌握情况可通过表 3—7 进行评价。

表 3—7   项目评价表

考核内容及要求	评 分 标 准	扣分	得分
一、保护措施：10 分	动力部分保护接地：10 分		
二、回答问题：5 分 （简述三相五线制的特点）	简述准确得 5 分；简述不准确不得分		
三、电气测量：10 分 （通电成功后测量有效）	配电箱进线端电压（5 分）		
	配电箱出线端电压（5 分）		

五、复习与思考

1. 工作零线（N）与保护零线（PE）能否混用？

2. 如图 3—6 所示，当 QF3 为漏电保护开关时，能否将白炽灯的工作零线直接接到电度表的 4 号端上？

实训项目 16 丫—△降压启动控制

一、实训目的

1. 掌握丫—△降压启动控制线路的连接方法。
2. 掌握时间继电器电阻、电动机电流的测量方法。

二、电气原理图

丫—△降压启动控制的电气原理图如图 3—7 所示。

三、实训内容

1. 选择和检查元件

根据图 3—7，选择 2 个按钮开关、3 个接触器、1 个时间继电器、1 个热继电器、2 个熔断器等，并检查元件的好坏。

2. 连接电路

（1）控制电路的连接

1）从断路器 QF 出线端 W 相出发接至熔断器 FU1，FU1 的出线端接至常闭按钮开关 SB，SB 的出线端接至常开按钮开关 SB1，从 SB1 的出线端接至接触器 KM△ 的常闭触点，KM△ 常闭触点的出线端接至时间继电器 KT 的线圈。

2）KM△ 常闭触点出线端接至时间继电器 KT 的常闭触点，KT 常闭触点的出线端接至接触器 KM丫 的线圈。

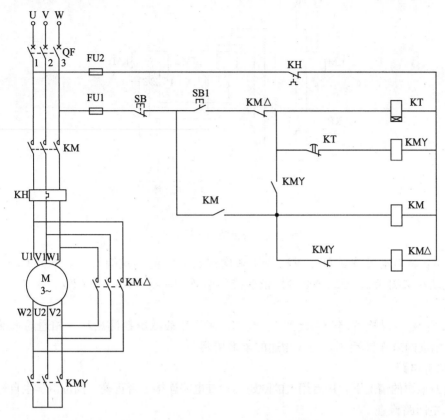

图 3—7 丫—△降压启动控制电气原理图

3）KT 常闭触点进线端接至 KM丫辅助常开触点，KM丫辅助常开触点的出线端接至接触器 KM 的线圈。

4）KM丫常开触点的出线端接至 KM 辅助常开触点，KM 辅助常开触点的出线端接至按钮开关 SB 的出线端或 SB1 的进线端。

5）KM 线圈的进线端接至 KM丫常闭触点，KM丫常闭触点的出线端接至接触器 KM△线圈。

6）依次连接 KM△、KM、KM丫、KT 线圈的出线端，接至热继电器 KH 的常闭触点，KH 常闭触点出线端接至熔断器 FU2，FU2 的出线端接至断路器 QF 的出线端 U 相。

连接此电路的难点：KM丫辅助常开触点两端各有三处连线不能接错。在工艺上由于一个螺钉只能压接两根导线，故此处须找公共点。

（2）主电路的连接

主电路的连接示意图如图 3—8 所示。

1）从断路器 QF 出线端出发，分别从左至右接至接触器 KM 的主触头，KM 主触头出线端接至热继电器 KH 的热元件，KH 热元件的出线端接至接触器 KM△主触头，KM△主触头出线端接至 KM丫主触头，将 KM丫主触头出线端短接。（注：相序从左至右为 U—V—W）

2）电动机接法：

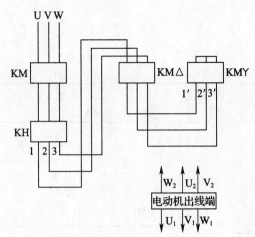

图 3—8　主电路的连接示意图

　　方法 1：将电动机首端 U1、V1、W1 依次接到 KH 的出线端 U（1）、V（2）、W（3）相；将电动机末端 W2、U2、V2 分别依次接到 KMＹ的 U（1′）、V（2′）、W（3′）相（非短接相）。

　　方法 2：将电动机首端分别接到 1、2、3，用万用表欧姆挡测出与 1 相通的末端，接到 2′，与 2 相通的末端接到 3′，与 3 相通的末端接到 1′。

　　3．检查电路

　　在断开电源的情况下，用万用表的欧姆挡检查电路连接是否正确。挡位由学生自行选择。

　　（1）主回路检查

　　分别测量接触器 KM△的主触头进、出线端，应为断开状态；若测得某相相通，表明主电路接线有误。

　　（2）控制电路的检查

　　1）将两支表笔分别与 QF 的出线端 U 相、W 相相接，按下 SB1，所测值为线圈 KT//KMＹ的阻值。

　　2）将两支表笔分别与接触器 KMＹ辅助常开触点两端相接，所测值为 KT//KMＹ＋KM//KM△的值（此处"＋"表示串联）。

　　4．通电试运行

四、项目评价

本实训项目中测量内容的掌握情况，可通过表 3—8 进行评价。

表 3—8　　　　　　　　　　　　　　项目评价表

序号	测 量 内 容		测量结果	扣分	得分
1	时间继电器线圈电阻（3分）				
2	电动机绝缘电阻（5分）	（绕组对地）			
3	电动机电流（试车成功后测量有效）（12分）	线电流			
		相电流			
		零序电流			

1. 简述图 3—7 所示电路的工作原理。

2. 如图 3—7 所示,当合上断路器 QF,按下按钮开关 SB1,由Y转换到△后:

(1) 电动机发出"嗡嗡"声是什么原因?

(2) 若电动机启动后又停机是什么原因?

3. 如图 3—7 所示,当合上断路器 QF,按下按钮开关 SB1 后,电动机只有一种运行方式(如△形)是什么原因?

实训项目 17　半波整流能耗制动控制

一、实训目的

1. 掌握半波整流能耗制动控制电路的连接方法。

2. 掌握判别二极管好坏的方法。

3. 掌握电动机电压的测量方法。

二、电气原理图

半波整流能耗制动控制电气原理图如图 3—9 所示。

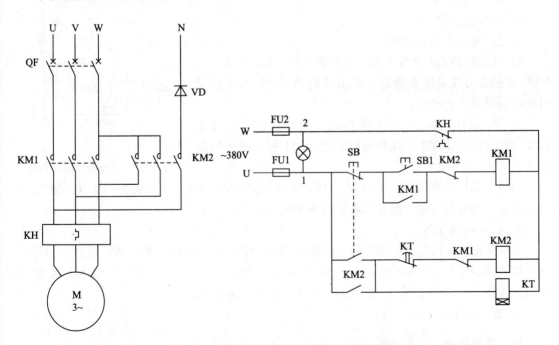

图 3—9　半波整流能耗制动控制电气原理图

三、实训内容

1. 选择和检查元件

根据图 3—9，选择 2 个按钮开关、2 个接触器、1 个时间继电器、1 个热继电器、2 个熔断器、1 只指示灯等，并检查元件的好坏。

2. 连接电路

（1）控制电路的连接

1）断路器 QF 出线端 U 相接至熔断器 FU1，熔断器 FU1 出线端接至按钮开关 SB 的常闭触点，SB 常闭触点出线端接至 SB1 的常开触点，SB1 常开触点出线端接至接触器 KM2 的常闭触点，KM2 常闭触点出线端接至接触器 KM1 的线圈；将 KM1 的辅助常开触点并联在按钮开关 SB1 常开触点两端（自锁）。

2）FU1 出线端接至按钮开关 SB 的常开触点，SB 常开触点出线端接至时间继电器 KT 的常闭触点，KT 常闭触点出线端接至接触器 KM1 常闭触点，KM1 常闭触点的出线端接至接触器 KM2 的线圈；将 KM2 辅助常开触点并联在按钮开关 SB 的常开触点两端。

3）从按钮开关 SB 常开触点出线端接至时间继电器 KT 的线圈。

4）依次连接 KT 线圈出线端、KM2 线圈出线端、KM1 线圈出线端，接至 KH 常闭触点，KH 常闭触点出线端接至熔断器 FU2，从 FU2 出线端接至断路器 QF 出线端 W 相。

5）接指示灯 EL。

（2）主电路的连接

主电路的连接参见示意图 3—10。

1）从断路器 QF 出线端接至接触器 KM1 的主触头，从 KM1 主触头出线端接至热继电器 KH 的热元件，KH 热元件的出线端接至电动机。

2）从 KM1 主触头 W 相进线端分出两根线分别接至 KM2 的主触头，KM2 出线端分别接至 KM1 的主触头的出线端。

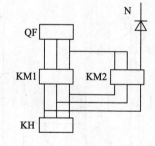

图 3—10　主电路接线示意图

3）将 KM1 主触头另一相（如 U 相）出线端接 KM2 的第 3 个主触头，从该主触头出线接至整流二极管的阳极，整流二极管的阴极接工作零线（N）。

3. 检查控制电路

在断开电源的情况下，用万用表的欧姆挡检查电路是否连接正确。选好适当的倍率挡，将万用表两表笔分别与 QF 的 U 相、W 相出线端相接，按下 SB1，所测值为 KM1 线圈的电阻值；按下 SB，所测值为 KM2 线圈与 KT 线圈并联的电阻值。

4. 通电试运行

四、项目评价

本实训项目中测量内容的掌握情况，可通过表 3—9 进行评价。

表 3—9   项目评价表

序号	测 量 内 容		测量结果	扣分	得分
1	判别二极管好坏（7分）				
2	电动机绝缘电阻（5分）	（绕组对地）			
3	电动机电压（试车成功后测量有效）（8分）	线电压			
		相电压			

五、复习与思考

1. 填空题

（1）如图 3—9 所示，接触器 KM2 吸合后，电动机绕组的接法应为_____，此时电流为_____。

（2）当指针式万用表的红表笔接二极管阳极，黑表笔接二极管阴极时，二极管处于_____状态。

（3）在该电路中二极管阴极应接在电源开关的_____。

（4）按下按钮开关 SB 时电动机为_____状态，按下按钮开关 SB1 时电动机为_____状态。

2. 思考题

（1）简述图 3—9 所示电路的工作原理。

（2）如何用万用表判断二极管的好坏？

（3）图 3—9 所示控制电路中 KT 起什么作用？

（4）如图 3—9 所示，在 KT 常闭触点未断开时，再按 SB1 会出现什么现象？

（5）如图 3—9 所示，若误将二极管阴极接在开关零线（N）的上方，会出现什么现象？

第四部分　安装电工预备知识

一、电气照明图形符号及文字代号

电气照明的施工图包括电气照明平面图、照明系统图等，它们是设计方案的集中表达，是工程施工的重要依据。照明平面图和系统图都是用规定的图形符号、文字标注来表示。

在电气照明平面图和系统图中，线路都用单线表示，然后在线上标以相应数量的短斜线表示导线的根数，或在一个短斜线后加数字，用数字表示导线根数。

1. 电气照明电气图形符号

电气照明图用图形符号可参见 GB/T 4728—2005《电气简图用图形符号》。表 4—1 列举了几种常用的符号。

表 4—1　　　　　　　　　　　　　　　电气照明图形符号

图形符号	名称	图形符号	名称
▬	照明配电箱（屏）画于墙外为明装，画于墙内为暗装	⊗	一般灯具
	带接地插孔单相插座（暗装）		暗装单极和双极开关
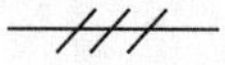 ─///	3 根导线	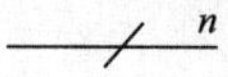 ─/ n	n 根导线
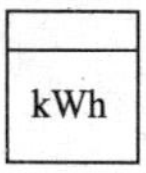 kWh	电度表	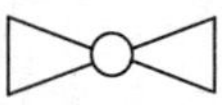 ▷◁	吊扇
 ├──┤	荧光灯		电风扇调速开关

2. 常用文字代号

动力照明设备除用图形符号表示外，还必须在图形符号旁加文字标注，用以说明其性能和特点，如型号、规格、数量、安装方式、安装高度等。电气工程图形文字符号参见 GB 5094。表 4—2 列举了几种常用的文字代号。

表 4—2　　　　　　　　　　　　　　　　　　常用文字代号

	名称	旧代号	新代号		名称	旧代号	新代号
线路敷设方式	明敷	M	E	线路敷设部位	沿墙面	QM（Q）	WE
	暗敷	A	C		暗敷设在墙内	QA	WC
	塑料阻燃管		PVC		暗敷设在地面或地板内	DA	FC
	穿电线管	DG	MT	灯具安装方式	线吊式	X	CP
	穿硬塑料管	VG	PC		壁式	B	W
	穿钢管	G	SC		吸顶式	D	C

二、文字标注格式

常用文字标注格式列举如下：

1. 电力和照明配电箱的文字标注格式

一般为：$a\dfrac{b}{c}$ 或 $a-b-c$。当需要标注引入线的规格时，则应标注为

$$a\frac{b-c}{d\,(e\times f)\,-g}$$

其中：a——设备编号；b——设备型号；c——设备功率，kW；d——导线型号；e——导线根数；f——导线截面，mm²；g——导线敷设方式及部位。

例如：$3\dfrac{XL-3-2-35.165}{BLV-3\times35G40-cE}$ 表示 3 号动力配电箱型号为 XL－3－2 型，功率为 35.165 kW，配电箱进线为 3 根截面分别为 35 mm² 的铝芯聚氯乙烯绝缘导线，穿直径为 40 mm 的水煤气钢管，沿柱明敷。

2. 开关及熔断器的文字标注格式

一般为：$a\dfrac{b}{c/i}$ 或 $a-b-c/i$；当需要标注引入线的规格时，则应标注为

$$a\frac{b-c/i}{d\,(e\times f)\,-g}$$

其中：a——设备编号；b——设备型号；c——额定电流，A；i——整定电流，A；d——导线型号；e——导线根数；f——导线截面，mm²；g——导线敷设方式。

例如：$2\dfrac{HH3-100/3-100/80}{BLX-3\times35-G40\cdot FC}$ 表示：2 号设备是一个型号为 HH3－100/3，额定电流为 100 A 的三极铁壳开关，开关内熔断器配用的熔体额定电流为 80 A，开关的进线是 3 根截面分别为 35 mm² 的铝芯橡胶乙烯绝缘导线，导线穿直径为 40 mm 的水煤气钢管，埋地敷设。

又如：3－DZ10－100/3－100/60，表示 3 号设备是一个型号为 DZ10－100/3 的塑壳式三极低压断路器，其额定电流为 100 A，脱扣器整定电流为 60 A。

3. 照明灯具的文字标注格式

一般标注为

$$a-b\frac{c\times d\times l}{e}f$$

当灯具安装方式为吸顶安装时，则应标注为

$$a-b\frac{c\times d\times l}{-}$$

其中：a——灯具数量；b——灯具的型号或编号；c——每盏照明灯具的灯泡数；d——每只灯泡的功率，W；e——灯泡安装高度，m；f——灯具安装方式；l——光源的种类（常省略不标）。

灯具的安装方式有：吸壁安装（W）、线吊安装（WP）、链吊安装（C）、管吊安装（P）、嵌入式安装（R）、吸顶安装等。

常用的光源种类有：白炽灯（IN）、荧光灯（FL）、汞灯（Hg）、钠灯（Na）、碘钨灯（I）、氙灯（Xe）、氖灯（Ne）。

例如：$10-YG2-2\frac{2\times 40\times FL}{2.5}C$，表示有 10 盏型号为 YG2-2 的荧光灯，每盏灯有 2 只功率为 40 W 的灯管，安装高度为 2.5 m，采用链吊安装。

又如：$5-DBB306\frac{4\times 60\times IN}{-}$表示有五盏型号为 DBB306 的圆口方罩吸顶灯，每盏有 4 只白炽灯泡，每只灯泡的功率为 60 W，吸顶安装。

4. 配电线路标注格式

一般表示为

$$a-b\ (c\times d)\ e-f$$

其中：a——线路编号或线路用途的符号；b——导线型号；c——导线根数；d——导线截面；e——导线敷设方式或穿管管径；f——线路敷设部位符号。

例如：1WP-BLV-（3×50+1×35）K-WE 表示 1 号动力线路，导线型号为 BLV 型（铝芯聚氯乙烯绝缘导线），共有 4 根，其中 3 根截面为 50 mm^2，1 根截面为 35 mm^2，采用瓷瓶配线，沿墙明敷设。

三、照明配电系统图

照明配电系统图是整个建筑室内的配电系统图，包括总的设备容量，配电装置型号数量，配电线路，各支路容量分配等情况。图上应标明各级配电装置和照明线路、开关、熔断器等电器设备的规格型号、导线型号、截面、敷设方式等。

四、电气照明平面图

电气照明平面图是在土建施工用的平面图上绘出电气照明分布图，即在土建平面图上先用细线绘出建筑和室内布置的轮廓，然后按照电气照明设备和线路的图例规定，在土建平面图上画出电源进线和线路。配电箱（盘）安装位置，干线和支线编号、走向、穿线管径、数量、敷设方式，开关、插座、灯具种类、安装位置、安装高度。

平面图应逐层来画，当有标准层时，可用一张图纸来表示布置相同的各层平面。

五、照明设备的安装

1. 吊灯安装

灯具的质量小于 1 kg，可以采用吊线式安装，灯具质量在 1 kg 和 3 kg 之间，采用链吊式；灯具质量大于 3 kg，要预埋吊钩、螺栓或采用沉头式胀管（即膨胀螺栓）、塑料胀管固定。如图 4—1 所示为工厂常用的几种吊灯。

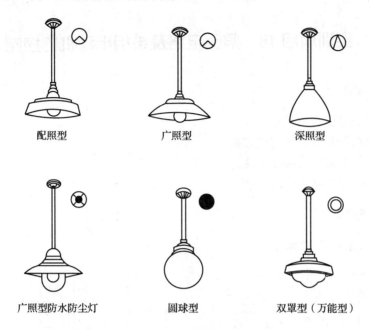

配照型　　　　　　　广照型　　　　　　　深照型

广照型防水防尘灯　　　　圆球型　　　　双罩型（万能型）

图 4—1　工厂常用的几种吊灯

2. 吸顶灯安装

吸顶灯采用木制底台时，应在木台上垫石棉布或石棉板。高温灯要具有隔热防火措施；灯头距离易燃物不得小于 30 cm。如果采用梯形木砖固定壁灯，要随着主体砌筑埋入，不得事后用木橛顶替。

3. 接地接零保护

根据 GB 50303—2002《建筑电气工程施工质量验收规范》的要求，灯具安装高度低于 2.4 m 应作接零或接地保护。开关边缘距门框边缘 15～20 cm。流动性碘钨灯采用金属支架安装，支架应作接零或接地保护。100 W 及以上的防潮封闭型灯具要用瓷质灯口。

4. 霓虹灯安装

霓虹灯变压器宜在不易被人触及，紧靠灯管的金属支架上固定，有密封的防水箱保护，与建筑物间距不小于 50 mm。变压器与易燃物的距离不得小于 300 mm。

（1）霓虹灯变压器的电抗大，功率因数很低，只有 0.2～0.5，所以应并联适当容量的电容器补偿，以改善线路的功率因数。

（2）霓虹灯在安装中应注意变压器二次电压在 15 kV 以下，二次短路电流在 50 mA 以下，电压通常高达 6～10 kV，所以所有金属支架要绝缘良好。一次线路可以用氯丁橡胶绝缘线（BLXF）穿钢管沿墙明设或暗设。因为二次线路电压高，所以应用裸线穿玻璃管或瓷管保护。导线的支持点间距不大于 1 m，导线间距不小于 600 mm。导线距墙不小于 30 mm。灯管不能和建筑物接触。灯管距导线或其他管线的距离不小于 15 cm。

（3）霓虹灯管路、变压器的中性点及金属外壳要可靠地与专用保护线 PE 焊接。为了防潮、防尘，变压器应放在由耐燃材料所制作的箱体内。

5. 插座的安装

明装高度：1.3～1.5 m；暗装高度：0.3 m。

实训项目 18　照明电路及单相电动机的控制

一、实训目的

1. 掌握单相电度表的接线方法。
2. 掌握计数调光开关的接线方法。
3. 掌握单相电动机的接线方法。
4. 掌握日光灯电路的接线方法。

二、照明线路图

照明线路图如图 4—2 所示。

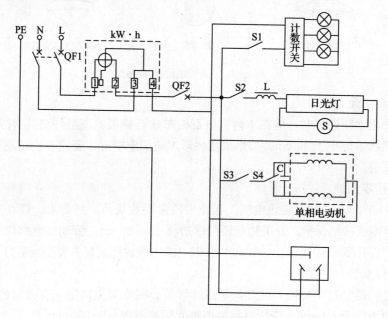

图 4—2　照明线路图

三、实训内容

1. 元件的识别

单相电动机一般有两个绕组：启动绕组和运行绕组。此处介绍的单相电动机可实现调速的功能，对外引出 5 个接线端。其中黑色为零线端（公共端），黄线与黑线为启动绕组，红线与黑线为高速运行绕组，白线与黑线为中速运行绕组，蓝线与黑线为低速运行绕组。

2．选择和检查元件

根据图4—2，选择1只单相电度表、1个计数调光开关、1个双极开关、1个单极开关、3个位开关、1个单刀双投开关、1只日光灯管、1只与日光灯管相匹配的电子镇流器、3只白炽灯、1个三芯插座、1台单相电动机等，并检查其好坏。

3．连接电路

（1）单相电动机的连接

单相电动机接线的示意图如图4—3所示。在启动绕组中串入电容器，在运行绕组两端加220 V的电压。

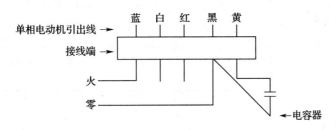

图4—3　单相电动机接线示意图

（2）电子镇流器与灯管的连接

此处介绍的镇流器型号为XH，对外有6个接线端，其中2个接线端为电源端，4个接线端与灯管相连。电子镇流器与灯管连接示意图如图4—4所示。

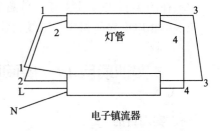

图4—4　电子镇流器与灯管连接示意图

4．通电试运行

5．元器件选用常识

元器件的选用参见附录1。

四、项目评价

本实训项目掌握情况，可通过表4—3进行评价。

表4—3　　　　　　　　　　　　　　项目评价表

考核内容及要求	评分标准	扣分	得分
一、照明线路的安装：50分（见图4—2）			
（一）元件选择和检查：10分	未选择检查元件此项不得分		
（二）接线工艺：10分	此项得分用两个等级评定： A级：10分 B级：5分		
（三）通电试车：30分 1．单相电动机部分：10分 2．照明部分：20分	分项计分： 第一次成功的项目，得满分 第二次成功的项目，得一半分 未成功的项目或放弃不得分		

考核内容及要求	评 分 标 准	扣分	得分
二、识读平面图：30 分（见图 4—5） 1. 分析进线标注的含义，5 分 2. 电工符号的识别（当场给定 5 个），每对一个得 2 分，共 10 分 3. 图中 $4-\dfrac{1\times60}{=}$ D 的含义，5 分 4. 图中 ⓝ 的含义，5 分 5. 支线标注的含义，5 分（当场指定一条，如 a_1、a_2、a_3）			
三、根据平面图画出系统原理图：10 分	画错不得分		
四、导线的连接：10 分	单股线的绞接与"T"字接法，一种正确得 5 分；两种正确得 10 分		

五、复习与思考

1. 电容启动式与电容运行式单相电动机的区别有哪些？
2. 在图 4—2 中 PE 线与 N 线各起什么作用？
3. 单相电度表的相线与零线为什么不能接反？

实训项目 19 房间照明施工平面图认识及安装知识

一、实训目的

1. 正确识别图形符号及文字代号。
2. 熟知文字代号的标注格式，能读懂电气照明平面图。
3. 能读懂电气照明系统图，并能画出供电分路图。
4. 掌握常见照明设备及电气元件的安装规范及要求。

二、电气照明平面图

房间电气照明施工平面图如图 4—5 所示。

三、实训内容

1. 识读照明施工平面图

图 4—5 所示为房间照明施工平面图。配电箱的电源进线为 2 根 6 mm² 和 1 根 2.5 mm² 的铜芯塑料绝缘导线穿直径 32 mm 的 PVC 管敷设。从配电箱引出三路支线 a1、a2、a3。a1 为空调供电支线，a2 为风扇和照明灯供电支线，a3 为普通插座供电支线。a1 支线由 2 根 4 mm² 和 1 根 2.5 mm² 的铜芯塑料绝缘导线穿 PVC 管敷设。a2 支线由 3 根 2.5 mm² 的铜芯塑料绝缘导线穿 PVC 管敷设。a3 支线由 3 根 2.5 mm² 的铜芯塑料绝缘导线穿 PVC 管敷设。白炽灯功率为 60 W，采用吸顶安装。日光灯功率为 20 W，采用吸顶安装。

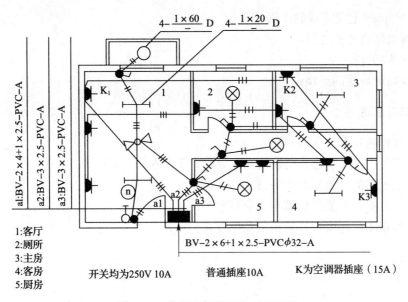

图 4—5　房间电气照明施工平面图

从图 4—5 中所标注的符号 ⓝ 得知，该管内应该有 4 根导线，第一根是开关及调速开关的进线（火线），第二、三根是经单相双极开关后分别控制两只日光灯的火线，第四根是经调速开关后控制吊扇的火线。每根导线的规格图中未标出，但根据所接用电器的功率应选 1.5 mm² 截面为宜。

2. 画出图形符号

根据表 4—4 给出的照明器件名称，画出图形符号。

表 4—4　　　　　　　　　　　　　　照明器件

符号	名称	规格	数量（个）
	暗装单相三孔插座	250 V，10 A	2
	白炽灯，吸顶安装	220 V，60 W	4
	单极暗装墙壁开关	250 V，10 A	6
	双极暗装墙壁开关	250 V，10 A	1
	单管日光灯吸顶安装	220 V，20 W	4
	单相吊扇	220 V	1
	调速开关，明装	220 V，配吊扇	1
	暗装照明配电箱		1

3. 画出照明配电箱供电分路图

照明配电箱供电系统图如图 4—6 所示。

4. 进行以下几种不同截面导线的连接

（参见附录 3）

（1）2.5 mm² 及以下单芯导线的直接绞接。

（2）2.5 mm² 及以下单芯导线 T 字分支连接。

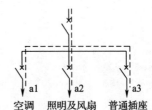

图 4—6　照明配电箱供电系统图

（3）6～16 mm²七股芯线的连接。

（4）导线与接线柱的连接。

（5）铝导线的连接。

（6）软线与硬导线的连接。

四、复习与思考

1. 穿管线路的基本要求有哪些？

2. 墙壁开关、插座明装、暗装的高度分别是多少？

3. 照明配电箱的安装高度为多高？

4. 插座、灯头、开关接线基本要求有哪些？

5. 如何根据工作环境选择导线的敷设方式？

第五部分 电子线路插接、调试预备知识

一、常用电子元器件

1. 电阻器、电位器

(1) 电阻器

电子线路中常用的电阻器为Ⅰ级（误差为±5％）或Ⅱ级（误差为±10％），某些要求高的线路则采用精度高的电阻器。

1）电阻器的型号。电阻器的标志代号、型号和名称由下列几部分组成：

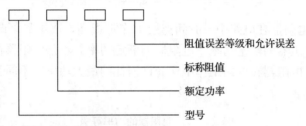

电阻器（电位器）型号意义见表5—1。

表5—1 　　　　　　　　　　　　电阻器（电位器）型号意义

第一部分：主称		第二部分：材料		第三部分：特征分类			第四部分：序号
符号	意义	符号	意义	符号	意义		第四部分：序号
					电阻器	电位器	
R	电阻器	T	碳膜	1	普通	普通	
W	电位器	H	合成膜	2	普通	普通	
		S	有机实芯	3	超高频	—	
		N	无机实芯	4	高阻	—	
		J	金属膜	5	高温	—	一般用数字表示，对材料、特征相同，仅性能指标、尺寸大小有差别，但基本不影响互换使用的产品给予同一序号；若性能指标、尺寸大小明显影响互换时，则在序号后面用大写字母作为区别代号予以区别
		Y	氧化膜	6	—	—	
		C	沉积膜	7	精密	精密	
		I	玻璃釉膜	8	高压	特殊函数	
		P	硼碳膜	9	特殊	特殊	
		U	硅碳膜	G	高功率	—	
		X	线绕	T	可调	—	
		M	压敏	W	—	微调	
		G	光敏	D	—	多圈	
		R	热敏	B	温度补偿用	—	
				C	温度测量用	—	
				P	旁热式	—	
				W	稳压式	—	
				Z	正温度系数	—	

例：精密金属膜电阻器

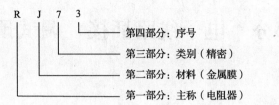

例：多圈线绕电位器

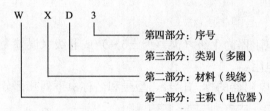

2）额定功率。电阻器在电路中长时间连续工作不损坏，或不显著改变其性能所允许消耗的最大功率称为电阻器的额定功率。电阻器的额定功率并不是电阻器在电路中工作时一定要消耗的功率，而是电阻器在电路工作中所允许消耗的最大功率。不同类型的电阻具有不同系列的额定功率，见表5—2。

表5—2　　　　　　　　　　　　　　　　　电阻器的功率等级

名称	额定功率（W）					
实芯电阻器	0.25	0.5	1	2	5	—
线绕电阻器	0.5 25	1 35	2 50	6 75	10 100	15 150
薄膜电阻器	0.025 2	0.05 5	0.125 10	0.25 25	0.5 50	1 100

例：RTX—0.125 W—51 kΩ±10%：表示小型碳膜电阻，额定功率为0.125 W，阻值51 kΩ，允许误差±10%。

3）色标表示法。电阻器的标称值和误差等级，一般用数字标印在电阻器的外层保护漆上，但体积很小的实心碳质电阻器，其标称值和误差常以色标法表示，电阻器标称电阻值的单位为Ω。色标所表示的具体含义见表5—3。

表5—3　　　　　　　　　　　　　　　　　电阻器的色标符号

颜色	黑	棕	红	橙	黄	绿	蓝	紫	灰	白	金	银	本色
对应数值	0	1	2	3	4	5	6	7	8	9	—	—	—
对应10^n的方次	10^0	10^1	10^2	10^3	10^4	10^5	10^6	10^7	10^8	10^9	10^{-1}	10^{-2}	—
表示误差值（%）	—	±1	±2	—	—	±0.5	±0.25	±0.1	—	—	±5	±10	±20

色标表示法有两种形式，一种是四道色环表示法，另一种是五道色环表示法。

四道色环表示法见表5—4，五道色环表示法见表5—5。

表5—4		四道色环表示法		
色环次序	1	2	3	4
含义	阻值第1、2位的有效数字		前两位数乘以 10^n	允许偏差

表5—5			五道色环表示法		
色环次序	1	2	3	4	5
含义	阻值第1、2、3位的有效数字			前三位数乘以 10^n	允许偏差

例：第一环为黄色；第二环为紫色；第三环为红色；第四环为银色。表示该电阻的阻值为 4 700 Ω，允许偏差±10%。

例：阻值为 26 000 Ω、允许偏差为±5%的电阻器，表示方法如图 5—1a 所示。阻值为 17.4 Ω、允许偏差为±1%的电阻器，表示方法如图 5—1b 所示。

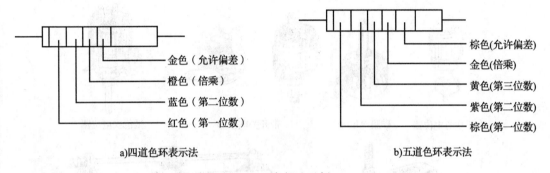

a)四道色环表示法　　　　　　　　　　b)五道色环表示法

图 5—1　色标法示例

（2）电位器

电位器是阻值连续可变的电阻器。它有 3 个引出头，两端头间的阻值是所标的阻值，中间接头与两端头间的阻值随转轴转动可变。

电位器的旋转角度与阻值变化之间有 3 种形式：X 型为直线型，阻值按旋转角度均匀变化；Z 型为指数型，阻值变化先慢后快，适用于音量调节；D 型为对数型，阻值变化与 Z 型相反，适用于仪器等特殊用途。线绕电位器都是 X 型的。常用电位器见表5—6。

表5—6			常用电位器				
	WT、WTK		WTH		WS		WX
名称	碳膜电位器		合成碳膜电位器		有机实心电位器		线绕电位器
功率/W	0.25	0.1	1、2	0.5、1	0.5	—	1、3、5、10
线型	X	Z、D	X	Z、D	X	—	—
简介	用于音量等级控制兼电源开关		用于一般电信设备、仪器、仪表		用于仪器设备作机内调节 WS—2 非锁紧型 WS—3 锁紧型		用于功率大的电路中

（3）电阻器、电位器的外形和符号

电阻器按材料可分为合金型、薄膜型和合成型。

电阻器按结构形式可分为一般电阻器、片形电阻器、可变电阻器（电位器）等，电阻器、电位器的外形和图形符号如图5—2所示。

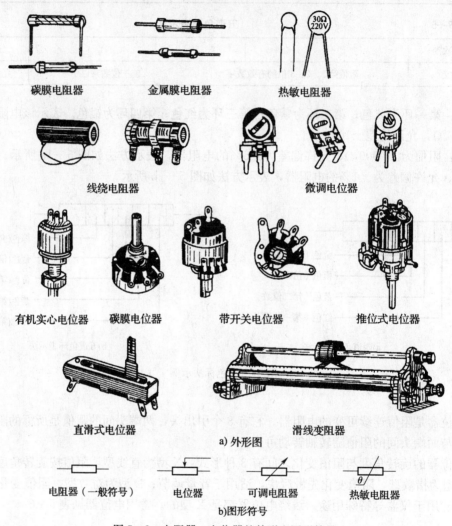

碳膜电阻器　　金属膜电阻器　　热敏电阻器

线绕电阻器　　微调电位器

有机实心电位器　碳膜电位器　带开关电位器　推位式电位器

直滑式电位器　　滑线变阻器

a) 外形图

电阻器（一般符号）　电位器　可调电阻器　热敏电阻器

b)图形符号

图5—2　电阻器、电位器的外形和图形符号

2. 电容器

（1）电容器型号组成

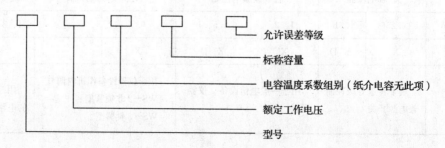

允许误差等级

标称容量

电容温度系数组别（纸介电容无此项）

额定工作电压

型号

例：CZJX－250－0.033－±10%：表示小型金属化纸介电容器，它的额定电压为250 V，标称容量为0.033 μF，允许误差为±10%。电容器型号字母的意义见表5—7。

表5—7 电容器型号字母的意义

第一部分：主称		第二部分：材料				第三部分：特征	
符号	意义	符号	意义	符号	意义	符号	意义
C	电容器	C	瓷介	Q	漆膜	X	小型
		Y	云母	L	涤纶	W	微调
		Z	纸介	S	聚碳酸酯	M	密封
		D	（铝）电解	A	钽	J	金属化
		O	玻璃膜	N	铌	D	低压
		I	玻璃釉	T	钛	Y	高压
		H	混合介质	M	压敏	G	管形
		B	聚苯乙烯			T	筒形
		F	聚四氟乙烯			Y	圆形

电容器的参数标注法则：容量用数字直接标出，并标上单位。通常容量小于10 000 pF（0.01 μF）时，以pF作单位，而大于10 000 pF时以μF作单位。当容量小于1 μF，用小数点表示时，可省去符号μF，如：0.47表示0.47 μF。电解电容器还常在旁边标上直流工作电压的极性。

在电子线路中用得较多的是电解电容器。电解电容器的特点是体积小、容量大，但是电容量误差大，工作电压不高。所以一般用于整流滤波、低频放大电路的耦合、退耦、旁路电容等。

电解电容器外壳上标明"＋""－"两个极性，使用时要特别注意电压的极性不能接反。如果极性接反，则电解作用会反向进行，氧化膜很快变薄，漏电急剧增加，如果在较高的直流电压作用下，电容器会发热甚至爆炸。对于新购的电解电容器引脚长的一端为正极。

（2）无极性电容的标注方法

容量在皮法级的电容用数字标注其容量，如332表明容量为3 300 pF，即最后位为十的指数。又如103表示10 000 pF等。

（3）电容器的外形图

电容器应用范围很广泛，在电子技术中应用较多，如在滤波、调谐、耦合、振荡、匹配、延迟、补偿等电路中，是必不可少的电子元件。它具有隔直流、通交流的特性。其外形如图5—3所示。

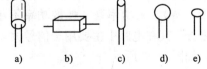

图5—3 电容器外形图
a) 电解电容器 b) 云母电容器 c) 涤纶电容器
d) 瓷片电容器 e) 钽电容器

3．常用半导体器件

（1）二极管

二极管按用途分为整流二极管、稳压二极管、光电二极管、发光二极管、变容二极管。其符号及用途见表5—8。

表 5—8　　　　　　　　　　　　　　　二极管符号

	整流二极管	稳压二极管	光电二极管	发光二极管	变容二极管
符号	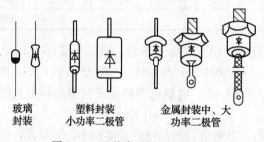				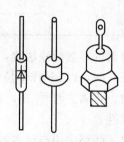
特性	工作在正向导通区	工作在反向击穿区	反向电流随光照强度的增加而上升	通以电流时将发光	结电容随反向电压增加而减小
用途	作整流用	作稳压用	用来作光的测量,可作为光电池	作为显示器件	用于自动控制和通信系统中,可用来代替可变电容器

常见二极管的外形如图5—4所示,稳压二极管的外形如图5—5所示。

图5—4　几种常见的二极管外形　　　图5—5　稳压二极管的外形

（2）三极管

晶体三极管有 NPN 型和 PNP 型两种类型,依据制造材料的不同,分为锗管和硅管。锗管具有受温度影响大、穿透电流大、稳定性差等缺点,现已逐渐被淘汰。硅管受温度影响小、性能稳定,用得较为广泛。晶体三极管有高频管（工作频率不低于3 MHz）、低频管（工作频率低于3 MHz）、小功率管（耗散功率小于1 W）、大功率管（耗散功率不小于1 W）之分,其在电路中主要用于信号放大、倒相等,如图5—6所示。

图5—6　几种晶体三极管的外形图

二、常用电子器件的检测

1. 二极管的管脚及硅管、锗管的判别

用万用表可判断出管脚极性。下面以指针式万用表为例说明。

将指针式万用表电阻挡调到×100或×1 k的挡位,两支表笔分别接二极管的两端测试一次,然后交换表笔再测一次,两次测得的电阻值相差越大越好,说明二极管的单向导电性好,当测得的电阻值呈高阻时,红表笔所接的一端为二极管的正极（若用数字式表万用表检测时，其结论正好相反）；当两次测得的电阻值相差很小，说明该二极管已失去单向导电性（击穿），当两次测得的电阻值均很大，说明该二极管已开路，测试方法如图5—7所示。

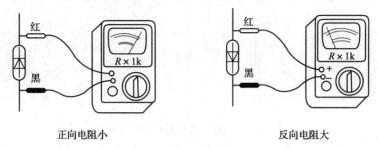

正向电阻小   反向电阻大

图5—7 二极管的测试方法

用不同材料制成的二极管正向导通时压降不同，硅管为0.7 V左右，锗管为0.3 V左右。可用指针式万用表×1 k欧姆挡测量，锗管正向导通时电阻值为1 kΩ左右，硅管正向导通时电阻值为3～10 kΩ。也可用数字式万用表的二极管挡测量，如被测管是硅管，数字式万用表应显示0.550～0.700 V；若是锗管，数字式万用表应显示0.150～0.300 V。

2. 稳压二极管稳压值的判别

将指针式万用表欧姆挡调到×10 kΩ的挡位，并进行欧姆调零。红表笔接稳压管的正极，黑表笔接稳压管的负极，待表针摆到一定位置时，从万用表直流10 V电压刻度上读出数据，然后用下列公式计算稳压值：

被测管稳压值（V）＝（10－读数）×1.5

注：当被测稳压二极管的稳压值高于万用表×10 k挡的电压值时，用这种方法是无法进行区分和鉴别的。因此，这种方法只能检测稳压值为15 V以下的稳压管。

3. 发光二极管的判别

发光二极管一般用透明塑料制成。对于新购买的发光二极管，长脚为正极，短脚为负极。以指针式万用表为例，测量发光二极管的方法如下：

由于发光二极管的开启电压为2 V左右，而指针式万用表欧姆挡调到×1 k的挡位时，表内电池电压仅为1.5 V，所以无论正向接入还是反向接入，都不可能导通。因此，用指针式万用表检测发光二极管必须用×10 k的挡位。

检测时，将表笔分别与二极管的两管脚相接，如果万用表指针向右偏转过半，同时发出微弱光点，表明是正向接入，此时黑表笔所接为正极，红表笔所接为负极。对调表笔，电阻值应为无穷大。

4. 三极管类型、管脚及质量的判别

三极管有两大类：PNP型和NPN型

（1）判别基极和晶体三极管的类型

将指针式万用表的欧姆挡调到×100或×1 k的挡位，先假设晶体三极管的某一极为"基极"，将黑表笔接在假设的基极上，并将红表笔先后接其余两个电极上，若两次测得的电阻值都很大（或很小），约为几千欧至几十千欧（或约为几百欧至几千欧），而对换表笔后测得的电阻值都很小（或很大），则可确定假设的基极是正确的，若两次测得的电阻值是一大一小，则可确定原假设的电阻值是错误的，就必须假设另一电极为"基极"，再重复上述的测试，最多重复两次即可找出基极。当基极确定后，将黑表笔接基极，红表笔分别接另外两极（指针式万用表）。此时若测得的电阻值均很小，则该管为 NPN 型管，反之则为 PNP 型管，如图 5—8 所示。

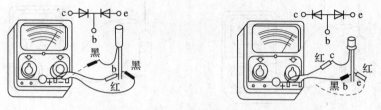

图 5—8　晶体三极管基极及类型判别

（2）集电极和发射极判别

以 NPN 型管为例，把黑表笔接到假设的集电极上，红表笔接到假设的发射极上，并用手捏住基极和集电极（不能使 b 极与 c 极接触），人体相当于在基极和集电极之间接入了一个偏置电阻，读出表头所示的电阻值，然后将两支表笔对调重试，两次读出的阻值中较小的一次的假设是正确的。因为 c、e 极间阻值小，正好说明通过管子万用表的电流大，偏置正常。PNP 型管与 NPN 型管相反，也就是当把红表笔接集电极、黑表笔接发射极时（仍是捏住 b、c 极，但不能接触），阻值应该小，如图 5—9 所示。

1）穿透电流 I_{ceo} 的估测。用万用表电阻量程×100 或×1 k 挡测量集电极、发射极反向电阻，如图 5—9a 所示，若测得的电阻值越大，说明 I_{ceo} 越小，则晶体管稳定性越好。一般硅管比锗管阻值大，高频管比低频管阻值大，小功率管比大功率管阻值大。

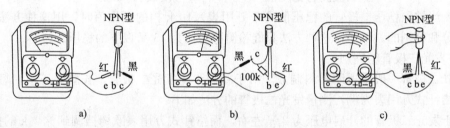

图 5—9　三极管集电极和性能判别
a）穿透电流 I_{ceo}　b）共射极电流放大系数 β　c）稳定性测量

2）共射极电流放大系数 β 的估测。若万用表其有测 β 的功能，可直接进行测量读数；若没有测 β 的功能，可以在基极与集电极间接入一只 100 kΩ 的电阻，如图 5—9b 所示。此时，集电极与发射极反向电阻较小，即万用表指针偏摆大，指针偏摆越大，则 β 值越大。

3）晶体三极管的稳定性能判别。在判断 I_{ceo} 的同时，用手捏住三极管，如图 5—9c 所示。三极管受人体温度影响，集电极与发射极反向电阻将有所减小，若指针偏摆较大，或者说反向电阻值迅速减小，则三极管的稳定性较差。

（3）好坏判别

在判别基极的过程中，当测得的 b 极与 c、e 极之间电阻值正、反向均为零或无穷大、或 c、e 极间的电阻为零，均说明三极管已坏。

5．电解电容器正负极的判定

根据电解电容器的正向漏电电阻大于反向漏电电阻的特点来判定其正负极。选择万用表×1 k 欧姆挡，交换表笔分别测出正反、向漏电电阻；最后以漏电电阻较大的一次为准，此时黑表笔接的是电解电容器正极，红表笔接的是电解电容器负极。如区分不出，可用×10 k 欧姆挡重复测量。

测量容量较大的电容时，在测量前以及在交换表笔进行第二次测量时应先将电容放电，防止出现表针打表的现象。

特别提示：不能用上述方法判断正向漏电严重的电解电容器的极性。

三、焊接知识

1. 电烙铁

电烙铁是用来熔化焊锡、熔接元件的一种工具，根据烙铁芯与烙铁头位置的不同可分为内热式和外热式两种。

2. 电烙铁的正确选用

电烙铁的选用可参考以下几个原则：

（1）电烙铁头顶端温度要根据焊料的熔点确定，一般比焊料熔点高出 30～80℃；

（2）电烙铁头的形状要与被焊接物件的要求及电路板装配密度相适应。通常，尖头适合小功率焊件，椭圆形焊头用于一般的焊接；

（3）按照焊件的不同来选择电烙铁的功率，集成电路适合采用 20 W 以下的内热式电烙铁；焊接较粗电缆及同轴电缆时可选用 50 W 以下或 45～75 W 的外热式电烙铁；焊接金属底盘等较大元件，则应考虑采用 100 W 以上外热式电烙铁。

3. 电烙铁的使用

电烙铁的握法通常有 3 种：反握法、正握法和握笔法，如图 5—10 所示。

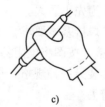

a)   b)   c)

图 5—10 电烙铁的正确握法

a) 反握法 b) 正握法 c) 握笔法

反握法是用五指把电烙铁握在掌内，适合大功率却又不需要很精细焊接的大型焊件。

正握法与反握法相反，刚好把电烙铁转个向，适合竖着的电路板焊接，一般在使用较大功率的电烙铁时才采用此握法。

握笔法适合于小功率电烙铁和小型的焊件，本书所介绍的实训项目主要需掌握此种方法。

4. 焊料和助焊剂

焊料一般用熔点较低的金属或金属合金制成。使用焊料的主要目的是把被焊物连接起来，对电路来说构成一个通路。

焊料有多种型号，根据熔点不同可分为硬焊料和软焊料；根据组成成分不同可分为锡铅焊料、银焊料、铜焊料等。本书所介绍的实训项目中使用的焊料是锡铅焊料，俗称焊锡。

助焊剂是辅助被焊物和焊料之间的焊接。一方面在焊接过程中清除氧化物和杂质，另一方面在焊接结束后保护刚形成的温度较高的焊点，使其不被氧化。此外助焊剂还有帮助焊料流动、加快热量传递等作用。

助焊剂分为无机、有机和树脂三大系列。常用的松香即属于树脂系列。焊接金、铜、铂等易焊金属时，可使用松香焊剂。

目前所使用的焊锡内部一般都已夹有固体焊剂松香，所以通常见到的焊锡都不是实心的。常见的焊锡的直径有 4 mm、3 mm、2.5 mm 和 1.5 mm 等。

5. 印制电路板的焊接工艺

（1）焊前准备

首先要熟悉所焊印制电路板的装配图，并按图样配料，检查元器件型号、规格及数量是否符合图样要求，并做好装配前元器件引线成型等准备工作。

1）工具准备

工具：30 W 外热式电烙铁、烙铁架等。

2）焊料准备

焊料：松香助焊剂（不得使用焊锡膏），直径为 0.8 mm 的共晶低熔点焊锡丝（锡 63%，铅 37%）。

（2）焊接方法

焊接方法为五步焊接法：预热→熔锡→撤丝→保温→降温。

（3）元器件装焊顺序

元器件装焊顺序依次为：电阻器、电容器、二极管、三极管、集成电路、大功率管，其他元器件装焊顺序为先小后大。

（4）对元器件焊接基本要求

1）电阻器焊接。按图将电阻器准确装入规定位置。要求标记向上，字的方向一致。装完同一种规格后再装另一种规格，尽量使电阻器的高低一致。焊完后将露在印制电路板表面的多余引脚齐根剪去。

2）电容器焊接。将电容器按图装入规定位置，并注意有极性电容器的正负极不能接错，电容器上的标记方向要易看、可见。先装玻璃釉电容器、有机介质电容器、瓷介质电容器，最后装电解电容器。

3）二极管的焊接。二极管焊接要注意以下几点：第一，注意阳极、阴极的极性，不能装错；第二，型号标记要易看、可见；第三，焊接立式二极管时，对最短引线焊接时间不能超过 2 s。

4）三极管焊接。注意 e、b、c 三极的引线位置插接正确；焊接时间尽可能短，焊接时用镊子夹住引线脚，以利散热。焊接大功率三极管时，若需加装散热片，应将接触面平整、打磨光滑后再紧固，若要求加垫绝缘薄膜时，切勿忘记。管脚需与电路板上连接时，要用塑料导线。

5）集成电路焊接。首先按图样要求，检查型号、引脚位置是否符合要求。焊接时先焊边沿的两只引脚，以使其定位，然后再从左到右自上而下逐个引脚焊接。

对于电容器、二极管、三极管露在印制电路板面上多余引脚均需齐根剪去。

（5）拆焊

在调试、维修过程中，或由于焊接错误对元器件进行更换时就需拆焊。拆焊方法不当，往往会造成元器件的损坏、印制导线的断裂或焊盘的脱落。良好的拆焊技术，能保证调试、维修工作顺利进行，避免由于更换器件方法不当而增加产品故障率。

普通元器件的拆焊：

1）选用合适的医用空心针头拆焊。

2）用铜编织线进行拆焊。

3）用气囊吸锡器进行拆焊。

4）用专用拆焊电烙铁拆焊。

5）用吸锡电烙铁拆焊。

（6）焊装工艺要求

1）元件视情况立式焊装或卧式焊装均可，前者元件要成型，后者元件尽量贴近板面。

2）标字元件的有字一面要尽量方向一致。

3）连接导线要先镀锡再焊接，剥线裸露部位不要大于 1 mm。

4）焊接时，所用时间尽量短，焊好后不要拨弄元件，以免焊盘脱落。

5）焊点大小均匀，表面光亮，无毛刺、无虚焊。

6）元件管脚应留出焊点外 0.2～1 mm。

7）焊接工程中，一定要注意焊接面的清洁。

实训项目 20　二极管整流电路的焊接及测试

一、实训目的

1. 掌握用万用表判别二极管、三极管管脚的方法。

2. 掌握用万用表判断二极管、三极管好坏的方法。

3. 学习识别各种类型的电子元器件。

4. 学习电子线路的焊接、数据测量与分析。

5. 掌握无极性电容的识别方法。

二、原理图

二极管桥式整流电路的原理图如图 5—11 所示。

三、工作原理

如图 5—11 所示电路为单相桥式整流电路。当 S1 闭合、S2 断开时，电路为单相桥式整流电路；当 S1 断开、S2 闭合时，电路为单相半波整流电容滤波电路；当 S1、S2 全断开时，为单相半波整流电路；当 S1、S2 全闭合时，电路为单相桥式整流电容滤波电路。

四、实训内容

1. 选择和检查元件

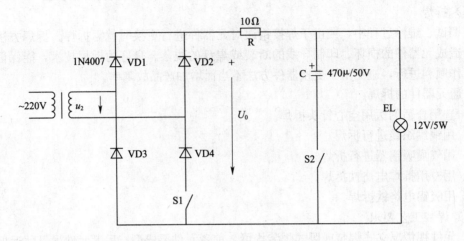

图 5—11 二极管桥式整流电路原理图

根据图 5—11，选择 4 只同型号的二极管，1 只输出电压为 12 V 的整流变压器，1 只电容器，1 只灯泡，1 只 10 Ω 的电阻等。其规格按图中标示选择，并检查元件的好坏。

2. 连接线路

按图 5—11 所示电路进行连接。（可焊接，也可在面包板上插接，本实训项目要求采用焊接）

3. 通电调试

焊接完毕，经检查线路连接无误时，接通电源进行调试，观察灯泡亮度。

4. 测量

调试完毕，按表 5—9 所列的项目进行测量，并将所测数据填入表中。

表 5—9   测量数据（调试成功后进行）

内容	u_2	U_0
S1 断、S2 断		
S1 合、S2 断		
S1 合、S2 合		

5. 无极性电容的识别

根据教师指定的 2 只无极性电容器的代号，写出电容的规格，填入表 5—10 中。

表 5—10   电容的识别

电容的代号 （由教师以书写方式指定 2 只）		
电容规格（由学生填写）		

五、项目评价

本实训项目掌握情况，可通过表5—11进行评价。

表 5—11

项目评价表

考核内容及要求	评 分 标 准	扣分	得分
一、元件选择和检查（12分）	未选择和检查元件此项不得分		
二、焊接工艺（20分）	1. 布局合理、美观，焊点光亮、圆滑、大小一致，得20分 2. 布局一般，焊点大小不一，得10分 3. 布局杂乱，得5分		
三、调试结果（40分）（在规定的考试时间内给予两次通电机会）	1. 第一次通电成功得40分 2. 第二次通电成功得20分 3. 第二次通电不成或放弃不得分		
四、电气测量（18分）（调试成功后，按表5—9中要求进行测量）	由考评员抽查结果，每对一个得3分		
五、电容的识别（10分）（填入表5—10中）	由考评员当场指定两只无极性电容的代号，考生写出规格，每对一只得5分		
六、安全文明操作	违反安全文明操作由考评员视情况倒扣分，所有在场考评员签名有效		

六、复习与思考

1. 色环电阻如图5—12所示，在括号内标出电阻值。

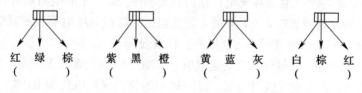

图5—12　色环电阻

2. 如图5—11所示的电路中，合上 S2，输出电压 U_0 是否增高？
3. 如图5—11所示的电路中，稳压管起什么作用？
4. 如图5—11所示电路中，用万用表测量 u_2、U_0、应该选用什么挡位？

实训项目 21　延时开关的制作与调试

一、实训目的

1. 进一步了解二极管、三极管的作用。
2. 学习电子线路的调试。
3. 掌握色环电阻的识别方法。

二、原理图

延时开关原理图如图 5—13 所示。

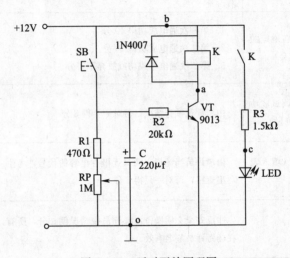

图 5—13　延时开关原理图

三、工作原理

如图 5—13 所示为一种较简单的电子延时开关，延时范围为 1～180 s。工作原理为：按下按钮开关 SB 接通电源，给电容充电；松开按钮开关 SB，充电电路断开；电容通过电阻 R2、三极管 VT 的发射极放电，VT 导通，使集电极处串接的继电器线圈有电流流过，继电器 K 吸合就接通了发光二极管回路，使发光二极管发光。

随着电容 C 的放电，三极管 VT 的集电极电流减小到小于继电器的吸合电流，于是继电器释放，其触点断开，发光二极管熄灭。延时时间的长短通过电位器 RP 调节。继电器的电压宜选用 9 V 或 12 V、吸合电流小于 50 mA。

四、实训内容

1. 识别元器件

继电器是用较小电流来控制较大电流的一种自动开关。在电路中起着自动操作、自动调节、安全保护等作用。继电器的种类很多，常用的有电磁式和干簧式两种。此处主要介绍电磁式继电器。

电磁式继电器主要由铁心、线圈、动静触点、衔铁、返回弹簧组成。根据供给线圈的电流的性质可分为交流继电器和直流继电器两大类。

在选用继电器时，必须弄清其参数。在继电器的许多电气参数中，一般只需要弄清其中的主要参数。如线圈电源和功率、额定工作电压或电流、线圈电阻、吸合电压或电流、释放电压或电流、接点负荷。

选用继电器时一般需注意以下几点：

（1）额定工作电压应等于或小于控制电路的工作电压。当用三极管或集成电路驱动时，还应考虑继电器的额定工作电流是否在三极管或集成电路的输出电流范围之内。

（2）同一种型号的继电器一般有多种触点形式供选用，使用时应充分利用各组触点。继电器的触点形式有动合（常开）触点，称 H 型；动断（常闭）触点，称 D 型；切换（转换）触点，称 Z 型。

（3）加在触点上的电压和电流值不应超过该继电器的触点负荷。触点负荷又称接点负荷，即接点的负载能力，有时称为接点容量。触点负荷指触点在切换时能承受的电压和电流。

继电器的线圈只有一个，但其触点可有多组，本书所介绍的继电器型号为 JZC－23F 型，其线圈电阻约 210 Ω。只有一组转换触点。

根据以上所述，可以方便地利用万用表的电阻挡找出继电器的线圈，动合、动断触点。具体方法如下：

（1）用万用表的×10 挡分别测量几个引脚的电阻值，其中必定能测出两只引脚的电阻值为几百欧姆，则这两只引脚就是继电器线圈的引脚。

（2）在除线圈以外的引脚中再分别测量，必定有两只引脚的电阻值为零，则这两只引脚为动断触点。

（3）最后再测量剩下的引脚，其阻值肯定为无穷大，这两只引脚就为动合触点。如果只有 5 脚，其中有一脚为公共端（此继电器的触点为转换型）。如果继电器有 6 只引脚，则有两种可能：

1）动合、动断两对独立的触点。

2）虽然有 6 只引脚，但公共端有两只引脚。

3）因为动断触点和公共端的两只引脚阻值都为零，在没有标号的情况下，只有通过在继电器线圈两端加额定电压判断，如果加压后两只引脚间的阻值还为零，则这两只引脚都为公共端；如果加压后两只引脚间的阻值从零变为无穷大，则这两只引脚为动断触点。

常用继电器引脚排列示意图如图 5—14 所示。（引脚面向自己）

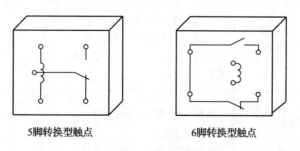

5脚转换型触点　　　　　　6脚转换型触点

图 5—14　继电器引脚排列示意图

2. 选择和检查元件

根据图 5—13，选择 1 只三极管，1 个继电器，2 只电阻器，1 只电位器，1 只电容器，1 只发光二极管等，其规格按图中标示选取，并检查元件的好坏。

3. 连接线路

按图 5—13 所示电路进行焊接。

4. 通电调试

经指导教师检查线路连接无误时，接通电源（电源采用 12 V 直流电源）进行调试。

5. 测量

调节 RP，观察发光二极管的亮度变化；测出发光二极管亮与不亮时的各点电压值，并填入表 5—12 中。

表 5—12　　　　　　　　　　　测量数据（调试成功后进行测量）

断开 SB（发光管不亮时）	U_{ao}	U_{bo}	U_{co}
按下 SB（发光管亮时）	U_{ao}	U_{bo}	U_{co}

注：按下 SB，U_{ao} 的测量范围在 0.3~5 V 之间有效。而 U_{bo} 不变。

特别提示：实训或考试时，上述数据须经指导教师或考评员抽查验证并签名才有效。

6. 色环电阻的识别

根据教师给定的 2 只色环电阻，写出色环电阻的值，填入表 5—13 中。

表 5—13　　　　　　　　　　　色环电阻的识别

色环（由教师以书写的方式指定两只）		
电阻值（由学生填写）		

五、项目评价

本实训项目中电子线路调试以及色环电阻识别的掌握情况，可通过表 5—14 进行评价。

表 5—14　　　　　　　　　　　项目评价表

考核内容及要求	评分标准	扣分	得分
一、调试结果：40 分。调节 RP 延时有明显变化。（在规定的考试时间内给予两次通电机会）	1. 第一次通电成功，得 40 分 2. 第二次通电成功，得 20 分 3. 第二次通电不成功或放弃，不得分		
二、电气测量：按表 5—12 中要求进行：18 分（调试成功后进行）	抽查结果。每对一项得 3 分		
三、色环电阻的识别：10 分	给定两只，每对一只得 5 分		

六、复习与思考

1. 在图 5—13 中，IN4007 起什么作用？能否反接？
2. 在图 5—13 中，电容 C 起什么作用？

实训项目 22　三端可调稳压电源的焊接与调试

一、实训目的

1. 学习三端可调稳压电源的工作原理。
2. 学习三端可调稳压电源技术指标的测量方法。

二、原理图

三端可调稳压电源电路原理图如图 5—15 所示。

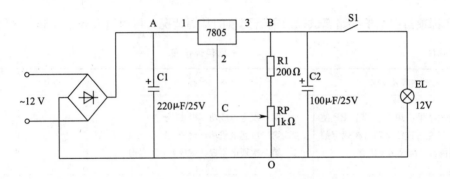

图 5—15　三端可调稳压电源电路原理图

三、工作原理

如图 5—15 所示，电路采用固定式三端集成稳压电路 7805 制作连续可调直流稳压电路，输出电压 $U_o \approx U_{xx}(1 + R_p/R_1)$，其中 U_{xx} 代表稳压器的稳压值，该电路可在 5～14 V 稳压范围内实现输出电压连续可调。R_1 为固定电阻值，改变电位器 RP 的阻值就可获得连续可调的输出电压，最高输出电压受稳压器最大输入电压及最小输入输出压差的限制，在稳压器的稳压范围内，其稳压效果较好。

四、实训内容

1. 选择和检查元件

根据图 5—15，选择 1 只电阻、1 只电位器、2 只电容器、1 块三端稳压集成电路 7805、4 只整流二极管（或用 1 只桥堆）等。其规格按图中标示选取，并检查元件的好坏。

2. 连接线路

按图 5—15 所示电路进行焊接。

3. 通电调试

经指导教师检查线路连接无误后，接通电源进行调试。（电源采用 3～24 V 可调交流电源）

4. 测量

根据表格要求，将所测量数据填入表 5—15 中。

表 5—15   电压测量

条件 电压值	$U_{BO}{}'$	U_{AB}	U_{BC}	U_{AO}	变化值
开关 S1 不闭合，$U_{BO}=12$ V 时，再合上开关接入 E_L					
开关 S1 不闭合，$U_{BO}=14$ V 时，再合上开关接入 EL					

五、项目评价

本实训项目中电子线路调试以及电器测量的掌握情况，可通过表 5—16 进行评价。

表 5—16   项目评价表

考核内容及要求	评 分 标 准	扣分	得分
一、调试结果：40 分。调节 RP 使 U_{BO} 在 10 V 左右连续可调（在规定的考试时间内给予两次通电机会）	1. 第一次通电成功，得 40 分 2. 第二次通电成功，得 20 分 3. 第二次通电不成功或放弃，不得分		
二、电气测量：25 分。按表 5—15 中要求进行（调试成功后进行）	由考评员抽查结果。每对一项得 2.5 分		

六、复习与思考

1. 在图 5—15 中，三端稳压集成电路 7805 管脚如何区分？

2. 在图 5—15 中，电阻 RP 起什么作用？

3. 在图 5—15 中，电容 C1、C2 起什么作用？

实训项目 23   配电系统的运行与维护

一、实训目的

1. 了解配电系统的组成。

2. 了解配电系统的运行。

3. 熟悉配电系统的维护和管理职责。

二、配电系统组成

配电系统一般包括高、低配电设备，它由高压柜、变压器、低压配电屏（柜）、发电机等组成。对用电户来讲，从 10 kV 高压柜到低压配电柜这部分系统属于企业或单位自行管理的，这个系统电气元件较多，线路比较复杂，对动力、照明用电至关重要。因此，了解并掌握配电系统的布局及线路的连接走向，并把安全用电放在首位是电工、值班电工、维修电工的职责。

1. 高压系统

高压系统是从高压柜（环网柜）到变压器一次侧这部分。现在室内多使用 SF_6（六氟化硫）高压断路器，其柜体是密封的，内部充满 SF_6 灭火气体，该设备具有体积小、操作灵活的优点。它的关键部件是转轴密封圈，可倒闸操作上千次而不泄漏六氟化硫灭弧气体。也有使用少油高压断路器的，它的体积大，笨重，但价格比 SF_6 断路器低，国内许多企业仍使用它。

2. 变压器

变压器分室内、室外变压器。室外变压器运行产生的热量主要靠绝缘油在内部循环通过散热管散出，室外变压器结构比较复杂，它有气体继电器、防爆管、油枕、呼吸器等辅助结构，其分接头为无载调压和有载调压，无载调压只有 -5%、0、$+5\%$ 三挡，有载调压变压器的调压挡数较多，调节电压较精确，可通过连接的调压操作器远距离调压。

室内干式变压器结构简单，它的高、低压线圈用环氧树脂灌封住套在外露的铁芯上，既利于散热，又无烦琐的检测维修项目，已成为许多单位的首选。

三、低压配电屏（柜）

从变压器二次侧输出三相五线制的电源进入总断路器，输出的母线穿过电流互感器接市电开关并与发电开关联锁后连接电容柜及各路设备的分开关，低压配电柜方框图如图 5—16 所示，低压配电系统图如图 5—17 所示。

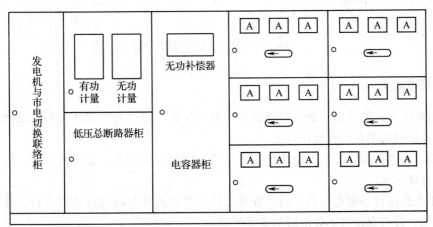

图 5—16　低压配电柜方框图

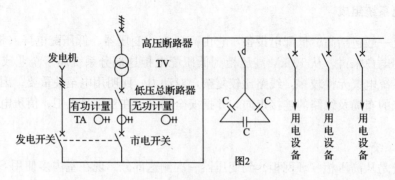

图 5—17 低压配电系统图

低压配电屏（柜）的各分开关普遍采用抽屉式结构，其优点是便于维护和更换电气元件。

计量电路中的有功电度表、无功电度表是由电力部门管理并校验的。如图 5—18 所示。

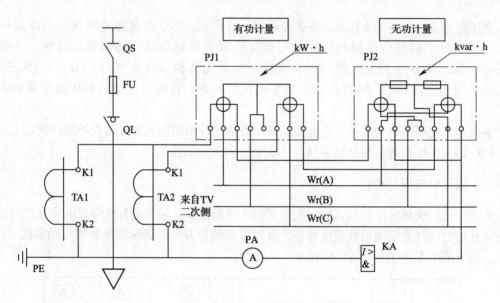

图 5—18 计量原理图

四、管理职责

1. 值班电工、维修电工必须具备必要的电工知识，熟悉安全操作规程，熟悉供电系统和配电室各种设备的性能和操作方法。

2. 要有高度的责任心，严格执行巡视制度、倒闸操作制度、交接班制度、安全用具及消防设备管理制度。

3. 不论高压设备带电与否，值班管理人员不得单人移开或越过遮栏进行工作，必须有监护人在场，并符合设备不停电时的安全距离。

4. 巡视配电装置，进出高压室必须随手将门锁好，以免小动物进入，造成事故。

5. 观察各仪表是否正常指示，有无负荷电流过大现象。听设备的声音有无异常。

6. 任何电器设备未经验电，一律视为有电，不准用手触及。

7. 动力配电盘、配电箱、开关、变压器等各种电气设备附近，不准堆放各种易燃、易爆、潮湿和其他影响操作的物件。

8. 使用电动工具时，应注意人身安全，要戴绝缘手套，并站在绝缘垫上工作。

9. 电气设备发生火灾时，要立刻切断电源，并使用四氯化碳、二氧化碳或 1211 及干粉灭火器灭火，严禁用水或泡沫灭火器灭火。

10. 检修电气设备时，应按操作规程进行，并悬挂标示牌，防止他人合闸，酿成人身事故。

11. 每次维修结束时，必须清点所带工具、零件，以防遗失和留在设备内造成事故。

附录1

元器件选用常识

1. 插座的选用

插座根据国家标准 GB 2099.1—2008《家用和类似用途插座 第1部分：通用要求》及 GB 2099.3—2008《家用和类似用途插座 第2部分：转换器的特殊要求》的规定：对于单相插座，额定电流只能为10 A、16 A，单相插头为6 A、10 A，额定电压为250 V，三相插头插座只能为16 A、32 A，额定电压为440 V。

2. 单相电度表的选用

电度表容量选择太小，会造成计量不准，甚至烧毁电度表；容量选择太大，也会造成计量不准，小负荷时电度表甚至不能计量。

国产交流单相电度表额定电压为220 V，电度表的规格有1 A、2 A、2.5 A、3 A、5 A、10 A、15 A、30 A等。在电度表的铭牌上标有多种参数，例如，～220 V、3（6）A、50 Hz、2.0级、3 600 r/kWh等字样，表示使用电压为220 V、标定电流3 A（额定最大电流6 A）、准确度等级2.0级（即读数误差小于±2%）、电度表常数3 600 r/kWh（表示在额定电压下，负载每消耗1 kWh电能，电度表铝盘转过3 600圈）。

标定电流表示电度表计量电能时的标准计量电流，而额定最大电流是指电度表长期工作在误差范围内所允许通过的最大电流。额定最大电流值一般为标定电流值的2倍。如果未标出额定最大电流时，说明额定最大电流小于标定电流的150%。杭州仪表厂制造的一种超过载型电度表（DD862a系列），电流过载4～6倍，使用10年不需要维修，仍能保持电度表的准确度。

选择电度表应注意以下事项：

（1）选择电度表时，要使电度表铭牌上的额定电压与实际电源电压一致，额定最大电流不小于最大实际用电负荷电流。

（2）不允许电度表在经常低于标定电流的5%的电路中使用，以免造成少计量。

用电设备的电流可根据用电设备的功率和功率因数确定。

例如，有一住户可能同时投入使用的用电器有：2只40 W白炽灯（cosφ=1），1只30 W日光灯（cosφ=0.6），1台150 W电冰箱（cosφ=0.5），1只800 W电熨斗（cosφ=1），1台6.5 A空调器。试选单相电度表。

上述电器的总电流为：

$$I = \frac{80}{220} + \frac{30}{220 \times 0.6} + \frac{150}{220 \times 0.5} + \frac{800}{220} + 6.5$$
$$= 0.36 + 0.23 + 1.36 + 3.64 + 6.5$$
$$= 12.09 \ (A)$$

因此可选用标定电流为3 A或5 A的DD862a系列超载型电度表，选择3 A已无余量，选择5 A还有较大余量。若选择普通电度表，只能选用标定电流为10 A的电度表。

家用电器功率因数见附表1—1。

　　　　　　　　　　　　　　　家用电器功率因数

家用电器类别	功率因数	家用电器类别	功率因数	家用电器类别	功率因数
照明灯具	0.5	组合音响	0.8	彩色电视机	0.8
吊扇	0.9	洗衣机	0.6	电冰箱	0.5
排气扇	0.6	微波炉	0.9	家用空调器	0.8
电烤箱	1	电暖器	1	吸尘器	0.9

3. 住宅配线的截面、保护

(1) 一般生活水平的用户

对于一般生活水平的用户，用电负荷约为 4.36 A，而且家用电器中最大功率者约为 300 W，负荷电流不超过 2 A，可选用 DD862-4 型 2.5 (10) A 电度表；导线可选用截面积为 1 mm² 的铜芯塑料线或截面积为 1.5 mm² 的铝芯塑料线。其保护元件可选用 RC1A-5A 型瓷插式熔断器，熔丝额定电流为 5 A (22 号熔丝)。

(2) 中等生活水平的用户

对于中等生活水平的用户，用电负荷约为 20.46 A，家用电器中最大功率者约为 1 500 W，负荷电流不超过 7 A，可选用 DD862-4 型 10 (40) A 的电度表；导线可选用截面积为 2.5 mm² 的铜芯塑料线或两组 (每组一根相线一根零线) 截面积为 1 mm² 的铜芯塑料线分片分区域走线供电，最大功率家电选用截面积为 1.5 mm² 的铜芯线单独供电。线路保护元件可选用 DZ12-61/1 型、热脱扣器电流为 25 A 的单极自动开关或 DZL18-20 型、额定电流为 20 A 的漏电开关。

(3) 较高生活水平用户

对于较高生活水平的用户，用电负荷约为 42.32 A，家用电器中最大负荷功率者约为 2 500 W，负荷电流为 14.2 A，选用 DD862 型 15 (60) A 电度表。由于这类用户负荷较大，若室内敷线采用面积大于 2.5 mm² 的导线时，导线与电器元件的连接难度增大，不易做到紧固可靠，因此宜采用放射式敷设。即在总电源进线经电度表后，采用多条分支线路并列配出方案，并根据每条支路所接负荷的大小选择导线截面和保护元件。一般，照明支路可选用 1 mm² 的铜芯塑料线或截面积为 1.5 mm² 的铝芯塑料线；插座支路可选用 1～1.5 mm² 的铜芯塑料线；空调器 (2 500 W) 及厨房大功率家电可选用 2.5 mm² 的铜芯塑料线，如附图 1—1 所示。附图 1—1a 中总熔断器 FU1 可选用 RC1A-60A 型，熔丝额定电流为 44 A (10 号熔丝)，附图 1—1b、c 中总开关 QF、QF1 可选用 DZ10-100 型、热脱扣器电流为 50 A 的低压断路器。

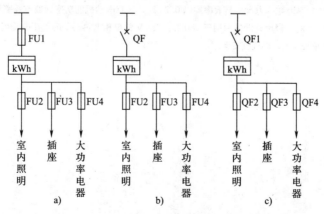

附图 1—1　较大功率用电负荷家庭保护及敷设形式

电工常用数据及实用资料

附表 2—1   用电设备电流计算式与每相电流值

类别	供电相数或电压	功率(kW)	计算公式	每相电流值(A)	
				计算值	记忆值
白炽灯与电热负载	单相	1	电流(A)=$\dfrac{功率(kW)\times 1\,000}{220(V)}$	4.55	4.5
	三相	1	电流(A)=$\dfrac{功率(kW)\times 1\,000}{1.732\times 380(V)}$	1.52	1.5
荧光灯	单相	1	电流(A)=$\dfrac{功率(kW)\times 1\,000}{220(V)\times 0.5(功率因数)}$	9.09	9.0
	三相	1	电流(A)=$\dfrac{功率(kW)\times 1\,000}{1.73\times 380(V)\times 0.5(功率因数)}$	3.04	3.0
电动机	单相	1	电流(A)=$\dfrac{功率(kW)\times 1\,000}{220(V)\times 功率因数\times 效率}$	8.08	8.0
	三相	1	电流(A)=$\dfrac{功率(kW)\times 1\,000}{1.73\times 380(V)\times 功率因数\times 效率}$	2.11	2.0
电焊机、X光机	220 V	1	电流(A)=$\dfrac{功率(kVA)\times 1\,000}{220(V)}$	4.55	4.5
	380 V	1	电流(A)=$\dfrac{功率(kVA)\times 1\,000}{380(V)}$	2.63	2.6

注：1. 单相电动机的功率因数（力率）与效率均以 0.75 计，三相电动机的功率因数与效率均以 0.85 计。

2. 用于低于 380 V 的三相用电设备和用于 380 V、220 V 的单相电热设备的负荷电流可用口诀归纳为："电机加倍，其他加半；单相 4.5，相间两安半。"

附录 3

安装电工知识

一、穿管配线应符合的基本要求

1. 管内导线的总面积（包括绝缘层）不应超过管内截面的 40%，管内导线不得有接头。

2. 穿管绝缘导线，其电压等级不应低于 500 V；导线最小截面为：铜芯线 $1\ mm^2$，铝芯线 $2.5\ mm^2$（控制线除外）。

3. 配管应尽量少作弯曲，接线盒与接线盒间的直角弯不得超过四处（明管）和三处（暗管）。弯曲半径应符合下列要求：

（1）明配时，一般不小于管外径的 6 倍；如只有一个弯时，可不小于管外径的 4 倍。

（2）暗配时，不小于管外径的 6 倍；埋于地下或混凝土楼板内时，不小于管外径的 10 倍。

4. 不同回路、不同电压、不同电流种类的导线，不得穿入同一管内。但同一台电动机的所有回路、同一设备或同一流水作业线用电设备的电力线和无防干扰要求的控制回路、照明灯的供电回路、电压为 65 V 及以下的回路等，允许各种回路的导线共管敷设。但一根管内一般不得超过 10 根。

5. 同一交流回路的导线必须穿于同一钢管内，不允许一根导线穿一根钢管。

二、室内配线方式的选择

室内配线方式的选择应根据不同房屋的环境、线路用途、安装条件及安全、美观要求等因素决定，基本原则如下：

1. 干燥少尘的房间，可采用木槽板、塑料护套线、瓷瓶、瓷柱、瓷夹板配线。随着人们生活水平的提高，现在城乡住宅及公共建筑，即使在干燥少尘的房间，也广泛采用暗敷配线，以求美观。

2. 潮湿多尘的房间，如浴室、锅炉房、某些车间，宜采用钢管或塑料管明（或暗）敷设，也可用塑料护套线及瓷柱明敷。住宅中的浴室和厨房都比较潮湿，不宜用木槽板敷设。

3. 易燃、易爆场所，如油库、加工及储存易燃易爆物品的车间或仓库，要采用钢管明（或暗）敷设，单芯导线绞接且连接处应密封，符合易燃、易爆场所的相关要求。

4. 在有腐蚀和潮湿的场所，可采用硬塑料管明（或暗）敷设。

三、导线的连接

1. 导线接头的基本要求

接触紧密，接头电阻尽可能小，同截面积导线的接头处电阻比值不应大于 1，机械强度不小于原强度的 80%，绝缘强度一样。

2. $2.5\ mm^2$ 及以下单芯线导线的绞接

先作 X 相交 3 圈后扳直，两头分别并绕 5～6 圈，剪去余线。如附图 3—1 所示。

3. 2.5 mm² 及以下单芯线导线 T 字分支连接

干、支线十字相交，支线根部留出 3～5 mm 后，在干线上缠绕一圈，再环绕成结，收紧并绕 6～8 圈，剪去余线，如附图 3—2a 所示。如果连接导线截面较大，两芯线十字相交后，直接在干线上紧密缠 8 圈减去余线即可，如附图 3—2b 所示。

4. 6～16 mm² 七股芯线的直线连接（见附表 3—1）

5. 6～16mm² 七股芯线的 T 型分支连接

1）在支线留出的连接线头 1/8 根部进一步绞紧，余部分散，如附图 3—3 所示。

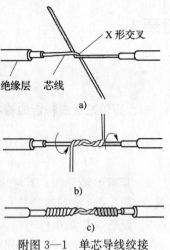

附图 3—1　单芯导线绞接

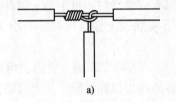 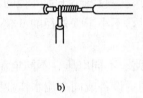

附图 3—2　单芯导线 T 字分支连接

a) 2.5 mm² 及以下单芯线导线　b) 导线截面较大

附表 3—1　　　　　　　　　　七股铜芯导线的直线连接

操作步骤	图　　示	操作说明
1. 去除线头的绝缘层		去除绝缘层，绝缘剖削长度应为导线直径的 21 倍左右，然后把芯线散开并拉直，把靠近根部的 1/3 线段的芯线绞紧，把余下的 2/3 芯线头分散成伞形，并将每根芯线拉直
2. 伞形芯线头对叉		去掉氧化层，把两个伞形芯线头隔根对叉，并拉平两端芯线
3. 分组缠绕芯线		把其中一端 7 股芯线按 2、2、3 根分成三组，接着把第一组 2 根芯线扳起，垂直于芯线并按顺时针方向缠绕
		缠绕 2 圈后扳平余下的芯线，再将第二组 2 根芯线向上扳直，按顺时针方向紧紧压着前 2 根扳直的芯线缠绕
		缠绕 2 圈后扳平余下的芯线，将第三组的 3 根芯线扳直，按顺时针方向压着前 4 根扳直的芯线缠绕

操作步骤	图 示	操作说明
4. 切除多余芯线		切去每组多余的芯线，钳平线端
5. 缠绕另一端		用同样的方法再缠绕另一端芯线，连接完毕

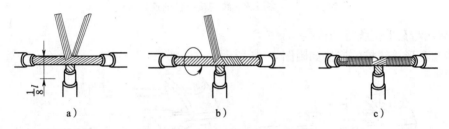

附图 3—3 七股芯线 T 字分支连接

2）支线线头分成两组，四根一组的插入干线的中间（干线分别以三、四股分组，两组中间留出插缝）。

3）将三股芯线的一组往干线一边按顺时针缠绕 3～4 圈，剪去余线，钳平切口。

4）另一组用相同方法缠绕 4～5 圈，剪去余线，钳平切口。

6. 导线与接线桩的连接（适用于截面 6 mm² 及其以下的导线）：

线头与接线桩连接的要求是接触面紧密，接触电阻小；连接牢固，不至于因日久而松动脱落。

（1）用尖嘴钳按紧固螺钉的直径大小剥去绝缘层，在离导线绝缘层根部约 3 mm 处向外侧折角成 90°，如附图 3—4a 所示。

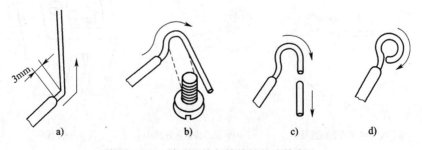

附图 3—4 单股芯线与接线桩的连接方法

（2）用尖嘴钳夹持导端部按略大于螺钉直径弯曲圆弧，再剪去芯线余端并修正圆圈，如附图3—4b、c所示。

（3）把芯线弯成的圆圈（俗称羊眼圈）套在螺钉上，圆圈弯曲的方向应与螺钉旋转方向一致，圆圈上加合适的垫圈，拧紧螺钉，通过垫圈压紧导线，如附图3—4d所示。

（4）对多芯软线剥去绝缘层，留出适当长度接线后将线芯绞紧，顺着螺钉旋转方向绕螺钉一圈，再在线头根部绕一圈，加平垫圈，然后旋紧螺钉，剪去余线，如附图3—5所示。

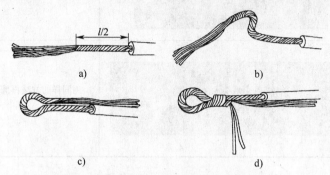

附图3—5　多股软芯线与接线桩的连接方法

7. 导线与瓦形接线桩的连接

导线与瓦形接线桩的连接如附图3—6所示。方法如下：

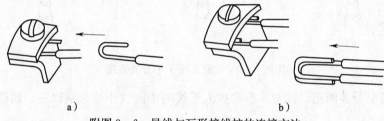

附图3—6　导线与瓦形接线桩的连接方法

（1）剥去适当长度绝缘层，将单股芯线端按略大于瓦形垫圈螺钉直径弯成"U"形，使螺钉从瓦形垫圈下穿过"U"形导线，旋紧螺钉，如附图3—6a所示。

（2）如果两个线头接在同一瓦线接线桩上，接法如附图3—6b所示。

8. 导线与针孔式接线桩的连接

导线与针孔式接线桩的连接如附图3—7所示。方法如下：

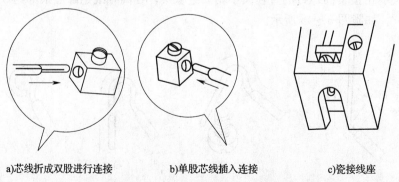

a)芯线折成双股进行连接　　　b)单股芯线插入连接　　　c)瓷接线座

附图3—7　针孔式接线桩的连接图

（1）芯线直径小于针孔，将线头折成双股插入针孔。芯线直径与针孔大小合适，可直接将芯线插入针孔。

（2）多股芯线与针孔式接线桩的连接如附图3—8所示。

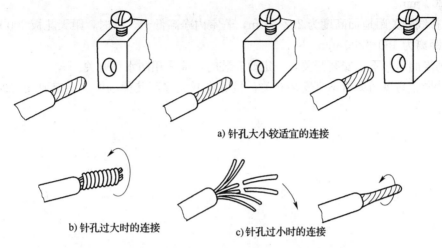

a) 针孔大小较适宜的连接

b) 针孔过大时的连接　　　c) 针孔过小时的连接

附图3—8　多股芯线与针孔式线桩的连接

9. 接线耳与多芯导线的连接

接线耳（又称线鼻子）与多芯导线的连接，如附图3—9所示。根据使用导线的截面选择接线耳，剥去适当长度绝缘层，将线芯插入接线耳内孔，用压接钳压出两道压痕。

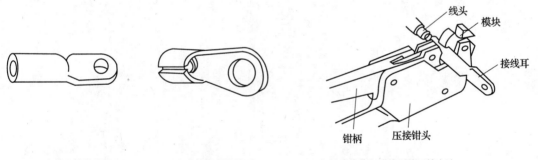

a）大载流量接线耳　　　b）小载流量接线耳　　　c）导线线芯与接线耳的压接方法

附图3—9　导线与接线耳的压接方法

10. 铝导线的连接

铝导线的连接有螺钉压接法、套管压接法、电阻焊连接法。（请参见有关书籍）

四、电气照明安装知识

1. 室内照明线路总容量不超过3 kW。

2. 插座容量应与用电负荷相适应，每一插座只允许接一个用电器具；1 kW及以上用电设备，其插座前应加设刀开关控制。

3. 明装插座的安装高度不应低于1.3 m；暗装插座的安装高度一般不低于0.3 m。

4. 一般场所的开关，如装设在同一开关板时，可按五只灯组合，由一个熔断器保护。

但浴室、卫生间、厨房等潮湿多尘场所，仍应每只灯分别设置熔断器保护。

5. 照明开关的安装高度应符合下列要求：

（1）跷板式、扳把式开关距地面高度为 1.2～1.4 m，一般为 1.4 m；距门框水平距离为 150～200 mm。

（2）拉线开关距地面高度为 2.2～3 m，若室内净高低于 3 m 时，距天花板 200 mm；距门框水平距离为 150～200 mm。

6. 潮湿的房间不宜安装开关，一定要安装时，应采用防水型开关。

7. 易燃、易爆的场所不宜安装开关，最好将开关移至其他场所。一定要安装时，应采用防爆型开关。

附录 4

照明线路故障的查找

一、照明线路常见故障

1. 短路。是指相线与零线、相线与地、或不同相线之间相碰，从而导致电路中电流急剧增加的现象。

2. 断路。是指供电线路的某一部分发生开路，使电路不通，灯具不亮。

3. 漏电。就是线路局部绝缘层被带电，人体触及导线绝缘层或潮湿的墙会触电。

二、照明线路短路故障的查找

接通电源，照明线路总熔丝立即熔断，说明线路上有短路故障。这种故障多是火线、零线碰线所致，少数也有火线接地所致。故障可能发生在支线上，或电气设备上，或用电器具上，发生在干线上的几率较小。下面仅介绍用万用表检查的方法。

先将总熔丝插头都拔去，使供电线路断电，拔掉所有用电器具的电源插头，并断开所有的照明灯的开关，然后用万用表分段测量线路的电阻。当断开某点时，电阻由零（因为短路）变为无限大，则说明短路点在该断点的后面干线回路内。这样逐段检查，缩小范围，最后找到短路点。

三、照明线路断路故障的查找

用验电笔检查的方法：如果仅个别灯不亮，可先查看灯泡灯丝是否已断开，螺口灯泡是否旋到位。若不是上述原因，再用验电笔分别测试该灯座的两个接线桩头，结果会有以下几种情况：

1. 如果断开开关，测两个桩头上氖泡均不亮，而合上开关，氖泡均亮，则说明断路发生在零线上。若无论断开或闭合开关，测两桩头上氖泡均亮，则说明断路发生在零线上，且开关是接在零线上的（正确接法应接在火线上）。

2. 如果无论是断开开关还是闭合开关，氖泡都不亮，则说明断路发生在火线上，或火线、零线都断路（这种故障的可能性极小）。

需要指出的是：如果用验电笔测试火线或零线，氖泡发亮，说明火线有电。有时零线断路，而火线又与零线紧挨着或相互缠绕，且线路较长时，用验电笔测试断路的零线，氖泡也会发亮，这是由于火线通过分布电容产生感应到零线上的感应电，并非零线真正带电。这时可用万用表判别，也可用手握住一只电阻（阻值约数千欧）触碰验电笔笔端，要是感应电，这时氖泡应熄灭。

氖泡不亮，可能是不断路的零线，也可能是断路的零线或断路的火线。

四、照明电路漏电故障的查找

漏电不严重时，熔丝不一定会熔断；漏电严重时，熔丝可能经过 $1\sim2$ min 就熔断。下面介绍用兆欧表测试法查找漏电故障点。

拔下总熔丝插头，拧下所有灯泡，拔掉所有用电器具的插头（线路断电，且断开所有负载），用 500 V 兆欧表测试线与线之间、线与地之间的绝缘电阻（可用自来水管代替地端），对于使用的线路，如果阻值小于 0.22 MΩ，说明线路漏电；如果小于 0.1 MΩ，则线路有较大漏电。阻值越小，漏电越严重。如果测得的绝缘电阻值符合要求或略低于 0.22 MΩ（如对于较陈旧线路或较潮湿环境中的线路），而接上用电器具后，绝缘电阻值明显下降，说明用电器具及插头至用电器具的导线、插头漏电。

查找漏电点应重点检查以下部位：

1. 导线接头包缠处。绝缘胶带受潮会造成漏电。

2. 导线拐角处、穿墙过楼板处，容易受机械损伤。

3. 在阁楼、仓库等暗处，导线容易被老鼠咬伤。

4. 明敷在潮湿、多尘或有腐蚀性气体环境中的导线、开关、灯座、插座等，容易使绝缘下降而漏电。

5. 在室外明敷或沿屋檐敷设的线路，因挂晒衣物、机械磨损、日晒雨淋，使绝缘受损而引起漏电。

附录 5

实训设备简介

一、电工教学实训柜

1. 正面图

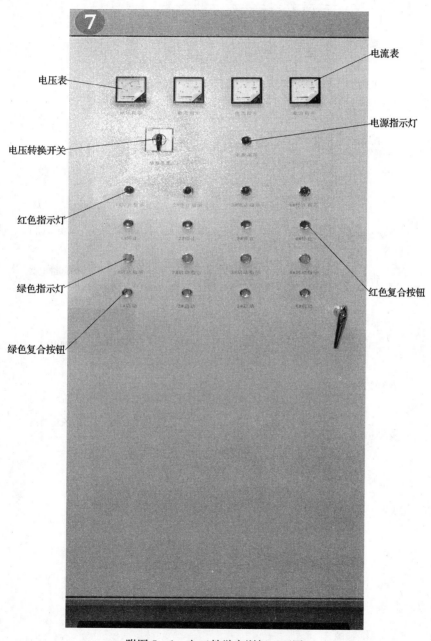

附图 5—1　电工教学实训柜正面图

2. 内面图

三极四线漏电保护开关　　有功电度表　　无功电度表

熔断器

互感器

接线端
（编号见后）

热继电器

中间继电器
（4开4闭）

交流接触器

行程开关

时间继电器

桥堆

调速电阻

控制变压器

直流电动机

交流电动机

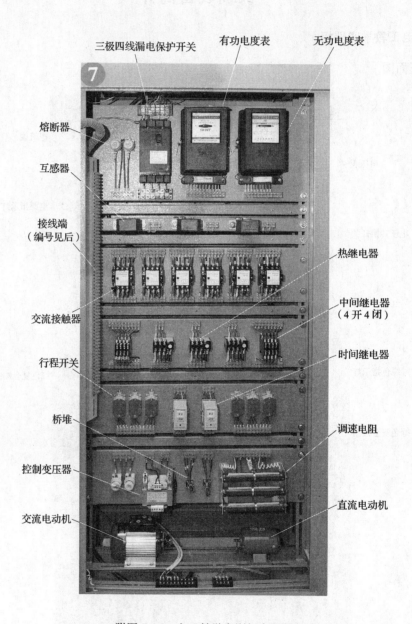

附图 5—2　电工教学实训柜内面图

3. 背面图

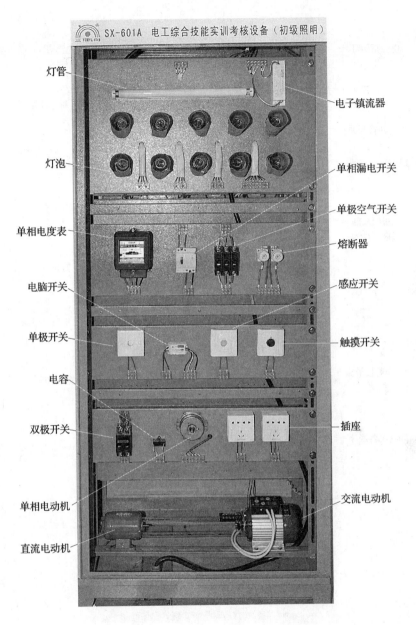

附图 5—3 电工教学实训柜背面图

二、XL-21 电工（双面）教学实训柜

电源指示灯

电压表

电压转换开关

绿色复合按钮

三极四线漏电保护开关

接线端

交流接触器

时间继电器底座

行程开关

电流表

绿色指示灯

红色复合按钮

有功电度表

刀开关

电流互感器

热继电器

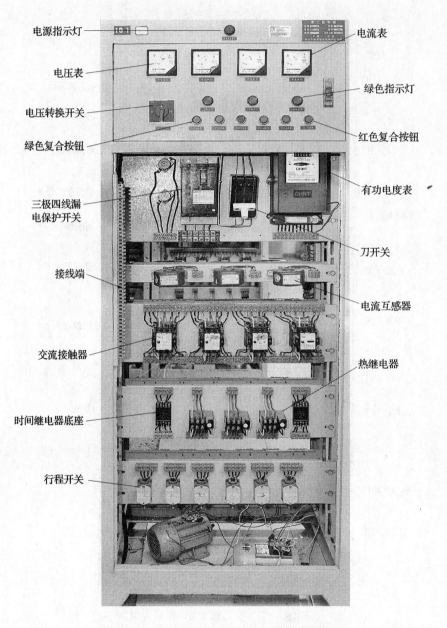

附图 5—4　XL-21 电工（双面）教学实训柜

三、电子实验台

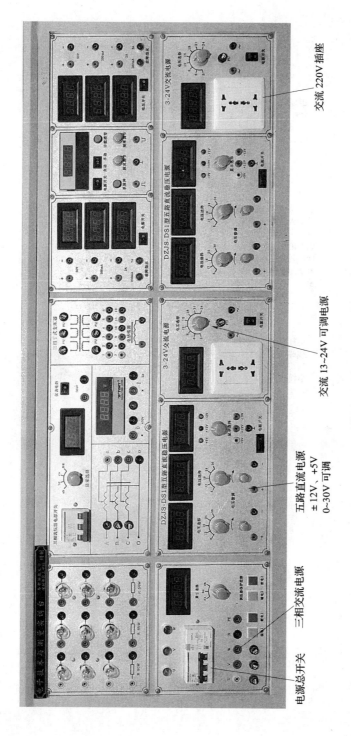

交流 220V 插座

3~24V 交流电源

DZJS-DS1型五路直流稳压电源

交流 13~24V 可调电源

五路直流电源
±12V、+5V
0~30V 可调

三相交流电源

电源总开关

电源总开关

附图 5—5　电子实验台

四、面板元件接线端编号说明

电压表接线端V1、V2

电流表接线端（标号为A，共3个电流表，6个接线端；如A401、PE1表示1#电流表，B401、PE2表示2#电流表等）

电压转换开关接线端（标号为1、2、3…12）共12个接点

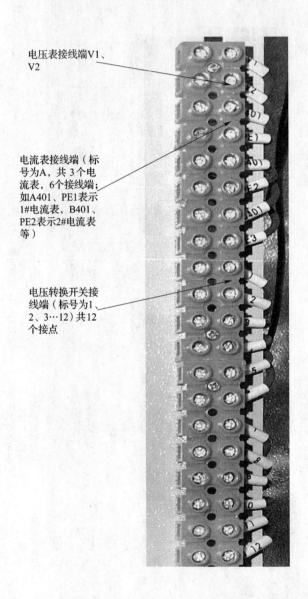

红色复合按钮接线端(标号为A~D 共4个,16个接线端,如A1、A2为1#红色按钮常闭,A3、A4为1#红色按钮常开,B1、B2为2#红色按钮常闭,B3、B4为2#红色按钮常开等

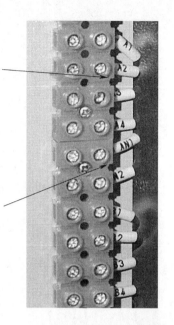

红色停止指示灯(标号为A~D 共4个,8个接线端,如AN1、AN2为1#红色停止指示灯,BN1、BN2为2#红色停止指示灯等

绿色复合按钮接线端(标号为E~G 共4个,16个接线端,如E1、E2为1#绿色按钮常闭,E3、E4为1#绿色按钮常开,F1、F2为2#绿色按钮常闭,F3、F4为2#绿色按钮常开等

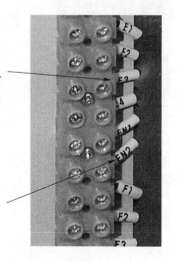

绿色启动指示灯(标号为E~G 共4个,8个接线端,如EN1、EN2为1#绿色启动指示灯,FN1、FN2为2#绿色启动指示灯等

附图 5—6　面板元件接线端编号

特别提示：此接线端编号为深圳第二高级技工学校实训设备的编号。